哈佛日曆
快十天

提前十天完成, 拿回生活的主控權;
哈佛優等生及高效主管都在用的奇蹟時間管理法

河知銀——著 王品涵——譯

U0140068

提前十天完成，
拿回時間的主導權

　　任職於國內、外企業祕書室超過十五年的期間，我近距離觀察過 CEO 們工作時的模樣。除了掌握最高決定權的 CEO 外，還有其他深受下屬們尊崇的領導者、在團體中工作表現傑出得令人敬佩的人等，從旁看著他們的我，察覺到所謂「高效工作者」共通的態度與工作習慣。**把事情提早完成後，充分保留修正與改善的熟成時間，正是這些人最重要的共同特徵。**

　　幾年前，讀過一篇刊載於報紙上的訪談後，我便確認了自己觀察到的事實是正確的。那篇報導的標題是〈哈佛生的日曆快十天〉，內容關於韓國國立生態院首任院長崔在天教授，介紹哈佛優等生的學習祕訣。

當讀到報導中提及哈佛優等生們總是比預期提前十天完成指定作業，為求讓自己能從容地提升整體完整度，專注於成果的品質時，我才恍然大悟——因為這與我近距離見過的 CEO、高效工作者在處理事情時的模樣百分百吻合。

能力傑出的領導者與哈佛優等生處理事情的方法，在本質上是一致的。只要經判斷是重要的事，便會提早開始處理，確保自己能在時間充裕的狀態下，準確完成手頭上的工作。設定自己獨有的截止時間後，按照目標從容地掌控工作狀況與時間。

不只是工作，他們往往也不會錯失面對人生的從容。

現在是格外重視 Work-Life Balance，也就是工作與生活平衡的時代。許多人都期望自己，能在工作上繳出亮眼成績單的同時，保留個人生活的從容。只是，這似乎不是一件有辦法輕易在生活中實踐的事。十之八九的人都為了追求工作成果飽受折磨，也被高強度的日程追得喘不過氣，

偶爾甚至還會出現過勞（burnout）的情況。話雖如此，我們也不可能一味顧著追求安逸的生活。畢竟，工作既是確保生活品質的必要條件，也是實踐自我價值的途徑。

難道想要保有工作並繳出亮眼成績的同時，又能好好守住人生的從容，真的如此遙不可及嗎？其實，「提前十天完成」，就是實踐這個目標的方法。

為了工作忙得焦頭爛額，並不等於會做事。提早在截止時間前完成工作，不僅能保留充裕的檢討時間，也能有效提升最終成果的品質。試著將日程提前，早一步完成工作，自然可以道別被截止時間追得上氣不接下氣的模樣。只要學懂「提前十天完成」這個方法，便能讓「脫穎而出的工作習慣」更加升級。

這個方法不僅限應用在職場，而是適用於上班族或創業者、家庭主婦、自由工作者等每一個人的生活。只要能將「提前十天完成」帶進自己的日常生活，人生就會變得越來越從容。

目前擔任生活顧問專業教育企業 BeConnected 執行長的我，負責的領域是生活設計與生涯諮商。近年，我遇到了不少嘗試將想法轉變成為現實，藉此積極掌握人生的人。在協助他們根據對自己的理解去設計人生，談論關於自己理想的生活與方向時，總是會提到一個重點 —— 掌握工作與時間的管理習慣。若懂得採取「提前十天完成」的策略，也會有效提高實踐的可能性。

　　如果老是感覺自己被工作追著跑、時間永遠不夠用，或是想要改掉拖延習慣、明明認真做足計劃卻沒辦法換來等值的成果、煩惱著想做的事好多卻不知道該從哪裡下手、希望在工作與生活間找到維持平衡的方法……不妨試著將書中介紹的方法按部就班地應用在自己的日常生活。衷心期許閱讀這本書的每一位，都能藉由「提前十天完成」，從容地得到自己理想中的成果。

河知銀

第 **3** 章

利用「提前十天完成」，找回生活鬆弛感

第 **4** 章

實踐「快十天日曆」，成就更好的自己

CHAPTER

就是比你快十天！
高效人士的勝出祕訣

哈佛生、一流菁英
都在用的行事曆

　　據說，在培育出最多具影響力的 CEO 與國際人才的美國哈佛大學，為新生與 MBA 學生上的第一堂課就是「時間管理」。向來致力於孕育頂尖菁英的名校哈佛大學，為什麼特地選擇「時間管理」作為教導學生的第一堂課呢？

　　設定優先順序與有效管理時間，以實現目標的能力，是哈佛大學的必修學分。此外，哈佛大學也以高強度的課業聞名。為了成功應對不容小覷的學業，明白時間的重要性與有效使用時間的方法，確實比什麼都來得更重要。

　　哈佛大學是出了名的難進、難出。「從哈佛畢業後，人生就會變得輕鬆許多」，是流傳在哈佛學生間的一句話。

這句話意味的是，如果有辦法熬過哈佛學士課程的艱辛，畢業後無論面對任何事，都能不費吹灰之力搞定。實際上，哈佛學生需要在每週閱讀數本書，以及在撰寫論文、準備報告的同時，參加大大小小的考試。光是會讀書，並不會成為最受認可的人。除了運動能力是基本之外，還得積極參與多樣社團活動、志工活動，再加上優秀的學業成績，才有辦法被冠上優等生的頭銜。

會讀書又會玩的祕訣——提前十天完成

究竟哈佛大學的學生是如何在消化高強度日程的同時，取得優異成績呢？哈佛大學的學生是不是有什麼獨門的學習方法呢？讓我們一起讀一讀，這篇關於介紹哈佛大學學生學習祕訣的訪談。[1]

韓國國立生態院首任院長、梨花女大客座教授崔在

---

1 編註：本書中的「提前十天完成」概念，源於媒體採訪報導〈「白成虎的賢問愚答」哈佛生的日曆快十天……崔在天教授眼中的「學習祕訣」〉，《中央日報》（2021.03.10），以及書籍《崔在天的學習》（崔在天、安喜敬著，김영사出版），將崔教授提及的哈佛優等生學習方法，延伸為面對一切事物的處理方式。

天，曾於一則媒體訪談中提及美國哈佛大學優等生的學習祕訣。根據報導內容，曾就讀於哈佛大學的崔教授，表示由於自己在求學期間擔任宿舍舍監的緣故，所以有機會近距離觀察其他學生。他尤其留意那些平常看似玩得不亦樂乎，實則成績好得嚇人的優等生。後來，才發現他們沒有公開的獨門學習祕訣不是其他，正是「提前十天完成」。哈佛優等生會比預期提前十天準備好必讀讀物、需要繳交的論文、報告資料等。

筆者在讀完這篇訪談報導後，內心突然大喊了一聲「我找到了！」擔任國內、外企業最高領導者的祕書長達十五年的我，近距離觀察組織內領導者的工作方式，透過分析這些人的工作習慣與自身提供諮商的經驗，頓悟了一件事——**哈佛優等生的學習祕訣與高效工作者的工作習慣一樣**。

筆者遇過的高效工作者、工作表現受認可的人、深受尊崇的領導者、組織內握有最高決定權的 CEO 等，他們的工作方式都與「提前十天完成」的原理與特徵如出一轍。

如同崔教授在訪談中提到的，這個概念並不只侷限於課業，而是適用所有世事的「處事祕訣」。

再忙，都不會被時間追著跑

「這是適用於任何人的祕訣。無論是正在求學的學生，或是踏入職場的上班族、負責處理家務的家庭主婦都一樣。畢竟，每個人都得做事。這就是不管要做的事再多，也不會被它們追著跑的處事祕訣。」

如同崔在天教授所言，「提前十天完成」是每個人都能善用在日常每件事的處事祕訣。如果是學生的話，可以在繳交作業前反覆檢查與修改，提升作品的完整度；考前也能保留充足時間，將考試範圍重新整理一次。如果是在家庭的話，即可在生活用品用完前，事先補齊備品，或是在繳稅截止日前，備妥款項，避免發生遲繳、未繳的情況。

撰寫該篇報導的記者也表示，自己實際將「提前十天

完成」的概念應用至生活後，確實體驗到令人驚訝的效果。將截稿日提前十天後，不僅減輕截稿的壓力，也能利用多餘的時間反覆修正，使文章變得更為精緻，最終得以在平心靜氣的狀態下完成更多工作。

崔教授補充道：「起初的確很辛苦，畢竟得在減掉十天的情況下完成進度。再加上以前養成的習慣，試錯了一陣子」、「可是，只要開始了提前十天完成進度後，整個生活模式都會變得不一樣。從那時起，我展開了嶄新的生活。」

筆者見過的「高效工作者」，同樣不是那些單純只會「埋頭苦幹」、「整天忙得團團轉」的人，而是會將事情提前完成，重視預留事後檢討與改善的時間。正是因為有效善用時間，看起來便顯得格外從容，並能搶先一步掌握主導權，取得有意義且豐碩的成果。

為什麼成功的領導者如此重視提前完成工作的習慣呢？

　　將「提前十天完成」應用在處理事情時，其過程與結果會變得有什麼不同？

　　真正的高效工作者是如何善用「提前十天完成」的策略，並取得成果呢？

　　如何將「提前十天完成」應用在人生呢？

　　在回答上述問題的同時，我們也一併檢視「提前十天完成」的祕訣與原理。讓我們將「提前十天完成」的概念延伸至企業、組織、職場、日常等領域，深入瞭解高效工作者的特殊工作習慣與祕訣，並探討如何將這個概念具體應用於你我的生活。

# 高效工作者會比預期
提早完成工作

希望一棵樹能夠茁壯，首先得要持續澆水，並且適時修剪。希望一棵樹能夠結成果實，需要的是預留充足的時間悉心照料。

工作也是如此。為了趕上截止時間而匆忙完成，其實等同於揠苗助長。將「提前十天完成」的概念付諸實踐，便能從容不迫地改善，收穫意義非凡的果實。

「趕在截止時間前完成確實很重要，但更重要的是把事情做好啊！」

策略規劃組的 S，今天又被組長大罵一頓了。雖然趕

在截止時間前完成報告，卻被嚴厲斥責「內容不足」。為了趕在期限內完成報告而傾注的心力，彷彿都在頓時間化成泡沫。明明已經在預定的截止時間交出成果，換來的卻是「時間沒那麼重要」，著實令人有些不知所措。儘管內心也很清楚成果的品質有多重要，但當下倒是很想反問一句：「既然如此，為什麼不多給點時間？」

「我得趕快修改好，重新上呈才行，但……到底該怎麼做？」雖然身體已經開始邁向下一項工作，內心卻十分煩躁，思緒也很複雜。

比截止時間更重要的是……

像 S 一樣，拚命趕在截止時間完成的態度，是被動型職員典型的工作習慣。被動型職員會以截止時間去擬定計劃，將行程排得密密麻麻，以免浪費任何時間，並且努力在規定時間內按照計劃完成工作。然而，卻怎麼也無法擺脫「時間」這個框架的限制，只顧著埋頭遵循擬定的時程

表。這也是沒有「做事頭腦」的人的典型特徵。

有做事頭腦的人則做法不同。儘管乍看之下確認工作日程的模樣差不多，但他們往往是**把重點聚焦於業務的發展與結果，而不是截止時間。**

一開始雖能從容不迫地訂好截止時間，但很多時候會在實際開始工作時，發現比預期需要更多時間。此時，有做事頭腦的人會發揮靈活的彈性，確認剩餘的時間並且盡可能重新調整業務順序，以獲取更好的成果。

假如經過判斷後需要延長期限，會事先向相關人士說明情況後，提出調整日程的建議。避免為了趕著配合截止時間，反而導致成果出問題。調整日程時，也會主動反過來提出適合自己的日程安排，而不是一味配合對方要求的時間。

有時會為了如期完成工作，篩選受委託的業務，並適時尋求協助，並觀察工作發展的趨勢及全面研究必要事項

後，再根據情況自由調整時間與業務量。

假如時間是一條等速移動的輸送帶，有做事頭腦的人會在時間上考慮工作的發展與結果後，**根據需求重新調整業務**。將調整業務的主導權掌握在自己手中，而非交由時間控制。

相反地，被時間追著跑的人又是如何？將拚命追趕卻尚未完成的結果放在輸送帶上，然後無可奈何地面對自己明明很努力，卻被上司大罵一頓的局面。

告別忙盲茫！關鍵在於彈性變通

營業部的 L 經理為了在兩星期後的新產品企劃會議上提出創意構想，空出一整天的日程。然而，整個上午卻完全集中不了精神。雖然會議是在兩星期後，時間上還算寬裕，但在毫無進展的情況下，只有時間不近人情地流逝著。

L 經理隨即轉換處理方式。他認為若放任情況這樣發展下去，非但無法發揮創意，甚至還會造成其他工作的延遲，於是決定提前處理，在隔天日程中有辦法輕鬆解決的一、兩項業務。就在快完成提前一天處理的工作時，忽然靈光一閃出現關於企劃的想法。雖然當時已經接近下班時間，但還是先做個簡單的筆記。

　　隔天上班後，L 經理稍微整理前一天留下的筆記後，開始著手撰寫新產品的企劃案。剩餘的時間則用來重新修改這份企劃初稿，使其變得更為完善。

　　L 經理將當下無法處理的工作與其他日程交換，並順利完成理想的成果。假如 L 經理只顧著按照預定的計劃，結果會是如何？要不是寫出令人不滿意的企劃，要不就是得將工作持續至第二天，導致連帶延遲隔天業務的糟糕情況。

　　L 經理的工作方式，與「比預期提前十天完成」相當類似。為了好好完成工作，重新調整業務的排序。由於新

產品的創意構想與提案是相當重要的業務，所以經判斷勢必得提前完成如此重要的工作，才能確保時間上的寬裕。然而，進展卻不如預期，因此決定先解決可以馬上處理的小事。等到創意浮現時，盡快把握時機，最後順利完成提案。彈性調整時間，確保預留充分的時間修改，在沒有壓力的情況下有效率地處理業務。

愈重要的工作，愈該提前進行

企業 CEO 處理業務的方式，也是依循類似的模式。CEO 作為一間企業握有最高決定權的人，必須在消化各種日程的同時，做出最好的決定。他們是比任何人都需要徹底管理時間的人。日程的管理基本上是由祕書安排，但最後仍得經由本人確認與調整。雖然會根據需要的時間制訂日程，不過這只是用來處理日常業務的輔助。比起消化預定的日程，順利進行工作並交出成果才是更重要的事。為了按照預定的日程，卻沒有充裕的時間檢討與判斷，自然就會提高做出不適當決定的機率。

「迫於時間上的不得已」這句話，意味的是工作的主導權不在自己手上。只顧著埋首於非完成預定日程不可的想法，很容易讓人頓時失去整體的方向。然而，最高階的領導者卻懂得綜觀趨勢，於必要時果斷調整後，再繼續著手工作。

因此，**越是重要的工作，越會提早處理，充分預留檢討與深思熟慮的時間**。這就是 CEO 掌握工作與時間主導權，並且做出更好選擇的策略。

「提前十天完成」，是為了讓時間的主導權重新回到自己手上。善用「提前十天完成」的策略，堅守我們對於工作與時間的控制權。當我們有能力掌控與調整的事物越多，信心也會變得越強。

當一個人握有主導權，並且藉此達成成就時，不僅會開始為自己感到自豪，更會因此受到激勵而願意接受新挑戰。如此一來，才能成為自己理想人生的主人。

 # 高效工作者優先考量
「專屬自己的期限」

「請在下星期三前將提案 E-mail 給我。」

從客戶、上司那邊收到了上述要求。倒數計時：一星期。正式著手業務前，先看了看早已寫滿行程的日曆。確認了一下截止時間後，嘗試擠出一些空間塞進新業務。「如果想在期限內完成工作的話，必須從何時開始？」

面對決定好截止時間的工作時，多數人會先思考一下「最晚必須在某一天開始」，並以此設定開始工作的時間點。只是，設定好開始時間後，才發現工作進行得不如預期中順利。原本還覺得時間綽綽有餘，沒想到正式開始後，便面臨不停被期限追趕的局面。打從一開始就抱持著必須在「那天」之前完成的心態，通常會產生以下兩種結果之

一：剛好趕上期限，卻因內容不夠充足而不滿意，或是直接超過截止時間。

高效工作者則會以另一種層次處理——優先考量「專屬於自己的期限」，而不是何時開始或對外的截止時間。假如截止時間是下星期三，那麼就把自己的期限設定在當週的星期一或二。當然也有人會把時間點設得更早。總之，先設定好專屬於自己的期限後，再評估正式開始工作的時機。

持續進步，就從回頭檢視開始

如果能比預期的期限更早完成工作，便能換取從容檢討與改善的時間。這正是「提前十天完成」習慣的重要效果與優點之一。

不過，選擇「提前十天完成」還有另一個更根本的原因——因為這是依循大腦自然的活動方式，使創意與效率

提升至最大值的方法。

一般來說，人的大腦會在工作時，透過新輸入的資訊與學習、經驗，將已知的資訊連結起來並執行作業。此時，必須花點時間從經由學習與經驗儲存的長期記憶中選取。在作業的初始階段，我們的大腦會即刻連結資訊並啟動，因此這個階段可以說是仍處於完全連結前的狀態。

在預定日期前，可以將在「專屬於自己的期限」內完成的結果視為草稿。我們的大腦會在執行這項作業的過程中，將新資訊與儲存於長期記憶中的部分資訊，連結成為一體，並且進行整理。

選取儲存在長期記憶中的資訊，需要一定程度的時間，所以花時間重新檢視第一次整理好的成果是很重要的事。這時，可能會找到先前沒有發覺的錯誤，或是浮現全新的想法，使成果進一步升級。

大家勢必都有過這種經驗：會議期間怎麼也想不到的

企劃案點子，卻在走路走到一半時突然靈光一閃。困擾了好幾天都解決不了的問題，突然在刷牙時理出頭緒。其實，這些點子都不是無緣無故從天上掉下來的。而是因為我們的大腦在之前一連串的時間內，一直反覆思考同件事。原本雜亂無章的模式被逐一整理完成後，才突然像拼圖一樣拼湊出完整的圖像。

這一切都得先如同上述過程般，粗糙卻全面地完成一次後，才有可能發生。創意的想法當然也可能在第一次的作業過程就出現，但這同樣是因為先經過暖身、練習，才使得大腦運轉的速度加快，讓一切看起來發生得如此自然而然。

兩步驟整理思緒，創意自然會跑出來

任何人都曾試過想要撰寫新的企劃案，卻怎麼也想不出點子的痛苦經驗。這時，讓我們回想一下大腦的運作方式。就算在書桌前坐一整天，點子也不會無緣無故冒出來。

我們必須認知到，這是因為儲存在腦中的長期記憶沒有輸出資訊。

首先，大致瀏覽一下自己掌握的資訊後，逐一取出來。 即使是未經琢磨、完整度不高的想法都無妨。唯有把當下已經掌握的東西先取出來，大腦才有辦法挪出空間，容納下一步浮現的資訊。

接著，帶著放空的心態於實際截止時間前進行最後衝刺。 草稿裡突然出現原本看不見的錯誤，也產生了足以完善起初模糊想法的新點子，進而創造出完整度更高的成果。

公司內由多人合作執行之項目的成功率也是如此。假如在一項新服務的啟用計劃中，多數參與者都抱持著「只要趕得上在預定期限前完成就好」的心態，該計劃實際上很有可能無法在預定時間啟用。直到後來才發現的錯誤，或是必須解決的各種小問題等，很容易導致啟用時間延遲，或僅能啟用部分服務的情況。

相反，如果是以提前完成為目標，並且考量進行測試的時間，那麼在所需時間內成功啟用服務的機率，也會隨之提升。原因在於，參與者能夠在各自的崗位上，擁有寬裕的時間反覆檢查與改善，使項目變得更加完整。

有些人天生的思考速度較慢，總是得在事後才突然想起來，或是對於每件事的反應都比較遲緩。在此，尤其建議這些人務必嘗試「提前十天完成」。善用蓄勢待發的創意，往往能夠創造出完整度比平常來得更高的成果。

有時，即使「提前十天完成」，卻依然在檢查與完善的期間沒有任何想法。其實，這也沒關係。這代表草稿的完整度夠高，況且能夠確保預留檢查與糾正錯誤的時間這件事本身，已經很有意義了。

為大腦創造新的空間

提早完成工作，並不單純是把時間提前的概念；更不

是趕快結束工作，才能擁有充分的休息時間。而是**善用大腦的運作方式**，更有創意、有效率地完成手頭上的工作。

　　創意表面上看起來就像是莫名其妙現身的東西，但請務必記住一點—唯有前導過程，創造力才有辦法被完整發揮。這就像是點火的過程一樣。任誰都希望可以一次點燃，但我們的大腦可沒這麼好對付。

　　提前處理事情，意味著挪開現有的想法，為大腦創造新的空間。如此一來，創意的火花才能隨之迸發。火花被點燃後，隨之而來的才是高完整度的成果。

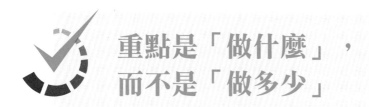

重點是「做什麼」，
而不是「做多少」

「你知道我這個月要做多少事嗎？」

有辦法在限定的時間內完成大量工作，顯然是項優秀的能力。然而，這項能力必須伴隨著高品質的成果，才會受到認可。如果光顧著非得趕快完成需要細心努力、投入時間的事，最終也只會得到眼前所見、想法所及的結果，很難創造出有意義的成果。

韓國社會將「效率」視為最好的美德。也許有很多人認為能在有限時間內完成很多事，就是最了不起的能力與「效率」。假如僅限於自動生成相同形狀、花樣的作業系統，這句話或許是正確的。然而，**真正的效率必須同時囊括質與量的效能**。在有限時間內完成大量工作的同時，亦

在品質方面創造出有意義的成果，才稱得上是真正的效率。

此外，關於有效率地使用時間一事，正確處理業務固然是基本，同時也意味著投入的時間與成果相對來得少。這裡的重點是：「成果對比」，也就是使用較少的時間創造優質的成果。如此一來，無論是對個人或組織來說，都是在節省時間成本。**有效率地工作不在於「做多少」，而是取決於「做什麼、怎麼做、做得好」。**

一心多用，反而容易全盤搞砸

「提前十天完成」的方法也是如此。專注於「真正的效率」與工作的本質。關鍵在於成果的完整度，而不是做了多少。

首先，釐清自己需要做什麼，而後盡力尋找解決方法並取得結果。即便為了專注於業務而設定時間計劃表，也要先判斷好其中的哪些可以迅速完成，哪些需要後續的檢

討時間。除了優先順序外，還得將處理業務的速度、截止時間一併列入考量。

　　不要試圖一口氣完成好幾件事。高效工作者十分清楚同時處理越多工作，越容易降低成果的品質。越想趕快多完成幾件事，有辦法從容、仔細檢查的時間也會隨之消失，最後只能被侷限在眼前所見、想法所及的框架內處理工作。只顧著迅速完成工作這點，結果免不了得付出更多額外的時間，確保成果的完整度。這顯然是沒有效率的工作方式。

　　有些人誤以為必須把整天的時間塞滿工作，才稱得上是「有效率」。拚命填滿所有行程的空檔，認為行事曆上的空白都會被視為玩樂時間，唯有工作量才能證明自己的能力。把工作安排密密麻麻地輸入行事曆，趕在截止時間內交出成果，但最後收到的往往不是正面的評價。老是急於按照日程行動，結果卻在內容不夠完整的情況下就交出成果。過了截止時間後，還得為了修改、補充而耽誤其他日程。最終只能自責「為什麼我的時間老是不夠用？」而周圍的人更是對於「為什麼這個人都不能一次就把事情處

理好？」充滿疑惑。

專注於事情的本質，而非時間的量

無論做任何事，越是遵循既定的時間表，越容易陷入「要做的事一大堆卻沒有時間」的循環。此時，不妨試試「提前十天完成」，自然地關注於「做什麼、怎麼做」，而不是「做多少」。

看一看自己身邊被認可為是「高效工作者」的共通點。當繳出亮眼成績單時，周圍的人總會給予高度評價。無論是握有企業最高決策權的 CEO 或工作表現出色的領導者，都是如此。原因在於，有能力帶領組織持續成長的領導者們，往往會把思考的重點，放在創造哪些成果才能對組織及其成員帶來助益，而不是做了多少工作。

如果各位正在煩惱著該如何向組織的領導者或周圍的人展現自己的能力，那麼比起自己做了多少，專注於呈現

自己做了什麼會是更為明智的策略。千萬別為了想要一口氣完成大量的工作，而錯失好好展現自己實力的機會。再次強調，關鍵在於做好手頭上的工作後，交出正確的成果。

讓我們把重點放在「怎麼做」，而不是「做多少」，以及「事情的本質」，而不是「時間的量」。與其讓自己去迎合時間，倒不如按照自己的速度分配、調整時間與日程。越是重要的事，越該善用「提前十天完成」的策略。如此一來，才能取得好的成果。

給心創造餘裕，
視野才能拓寬

某個星期三早上，收到來自企劃負責人的 e-mail。

「預計於下星期一的主管會議進行相關業務人員的企劃案報告。請在星期五前交出報告主題與資料。」

儘管知道企劃案報告會議將在不久後召開，卻沒意識到已經近在眼前了。雖然業務負責人們有些手忙腳亂，但還是趕在期限內交出準備好的報告內容。不出所料，並不是所有人都順利得到報告的機會。在所有提交的企劃案之中，僅有部分獲選，所以也只有該項目的業務負責人抓住了前往會議現場報告的機會。

所有人都在相同時間收到 e-mail，也都在相同期限內

交出企劃案，但為什麼就是有人有辦法掌握機會，有人卻錯失良機呢？獲選前往會議現場報告的企劃案，又與其他企劃案存在哪些差異呢？關於其中的原因，挑出決選名單的高層們有志一同地認為：

「我們首先考慮的是事前調查做得夠不夠，以及資料的構成有沒有說服力。報告內容裡有明顯的小錯誤，也會影響最後決定。」

順帶一提，這裡說的「小錯誤」，指的是看起來可能被認為相當瑣碎的部分，例如：文件中的圖片、字體大小是否一致等。無論內容多麼扎實，一旦出現類似的小錯誤，確實就會明顯降低整份文件的完整度。

因此，可以說是諸如此類的小細節決定了最後階段的選擇。既然如此，為什麼如此細微的差異會成為關鍵性的落差呢？讓我們一起看一看入圍決選名單者的工作處理方式。

「差一點」，就錯過了成功

這些人打從得知不久後得進行企劃案報告的消息起，便已經開始準備企劃案的草稿。即使日期尚未確定，但經過判斷後，認為遲早得做的事還是早點開始比較好。雖然沒有一口氣投入大量時間，不過就在每天花點時間找資料、記錄想法的過程中，慢慢完成了自己獨有的第一份草稿。後來，每當浮現新的創意時，也會隨時更新。

某天收到了一封 e-mail，關於在公布報告日期的同時要求繳交資料的通知。儘管也和其他人一樣被突如其來的報告日期嚇了一跳，卻很快冷靜了下來。畢竟，只要繼續做自己原本正在做的事，然後把檢查與修改企劃案的工作順序調整至最優先就好。於是，在截止時間的兩天前又重新做了最後一次檢查，稍加修改。

相反，不幸被淘汰的人又是如何呢？

1. 雖然早就收到企劃案報告會議即將召開的訊息，卻認為這不是需要馬上處理的業務，決定先專心搞定

堆在眼前的其他工作。

2. 即便關於企劃案的事每天都會閃過腦海，卻始終沒有著手處理這件事。直到後來實際收到會議日期的通知後，內心才開始變得焦急。

3. 事到如今，也才真正開始構思企劃案與處理報告資料。

4. 交出報告前確實有做過最後檢查，卻因為心急的緣故，便在完全沒有發現細微錯誤的情況下交出報告。

越早開始，越不受時間制約

為什麼會出現這種差異？表面上看起來，「企劃案報告」是在會議前幾天突然公布。然而，實際上卻早就預告了「不久後會召開會議」。早該在收到這項通知時，就決定好工作的優先順序。

從事企劃相關工作的人，通常會將企劃案報告視為實

現創意與職涯發展的重要機會。換句話說，這已經超越了公司指示日常報告的意義，而是對個人來說事關重大的事。當然，也不能因為對個人是很重要的事，就把截止時間未定的工作擺在第一位。畢竟，一定還有其他該處理的業務。

但重點在於，**越重要的事，越該提早開始。就算不知道該做這件事的確切日期，但終究需要完成的工作，就該一步步向前邁進。**

既然是終究需要完成又特別重要的工作，不妨多善用瑣碎的時間。抽空完成的工作會逐步成形，只要在接近截止時間前稍作修改即可。

被時間追著跑的急躁情緒，讓人的視野變得狹隘，錯過那些理應留意之處。尤其要面對每天都有需要處理的工作，以及必須即刻完成的急事，導致優先順序出現變動。

儘管如此，如果這件事的重要程度很高，便得盡快開始，確保預留的時間充足，避免被隨時到來的截止時間嚇

得措手不及。光是知道自己還有時間這件事本身，內心就
能變得從容，也因此可以透過更加遼闊的視野眺望目的地，
不斷提升完整度，確實掌握良機。

想要提高信任度，
千萬不要忽略細節

在 CEO 或組織領導者之中，有些人會在令人意外的
地方顯得挑剔。他們過於注重每件事的細節，不僅在意成
果，連過程的每個部分都體現出完美主義者的特徵。旁人
當然可以從他們認真、徹底執行工作的方式中感受到領導
能力。但另一方面，其實也很令人好奇，作為握有最高決
定權的人如何在執行業務的同時，也能照顧到如此細微之
處。

N 企業的 C 老闆在處理文件時，總會親手將草稿寫在
紙上。當祕書使用 Word 將這些手寫草稿輸入電腦，並且
列印在已經使用過一面的回收紙背面後，他會重新審視一
次列印好的文件，逐一標記需要修改的地方。這時，不僅

是針對內容進行修改，也會仔細檢查錯別字、標點符號等。這項過程會重複數次，直到完成最終版本為止。

成大事者「必拘小節」

某天，C 老闆為了一份準備對外公開的文件，一如往常地使用相同方式撰寫著。從祕書手上接下列印好的最終版本時，原本打算迅速確認最後一次的 C 老闆，忽然臉色一沉。

「從這頁開始用了不同紙列印，麻煩使用相同的列印紙。」

雖然起初有些訝異「明明都是用 A4 尺寸的白紙列印，哪裡不一樣？」但很快就明白了這句話的含義。他指的是，用了不同廠商的紙列印同份文件。紙張的尺寸、顏色，乍看之下幾乎沒有分別。對此，C 老闆解釋道：

「當一份文件使用了不同材質、厚度的紙張時，翻頁的感覺會變得不一樣，讓人覺得整體不一致。雖然好像不是什麼大事，但請多留意這些地方。」

有些 CEO 不僅會檢查文件中的錯別字，也會仔細確認字體、紙張顏色等。此外，還會注意列印文件的邊邊角角是否折到、色調是否均勻。他們認為，**無論文件內容多麼優秀，一旦視覺上的完整度降低，整體的可信度也會隨之下滑**。因此，務必預留最終檢查的時間。

為此，考量業務所需時間與後續作業，提前處理工作，以便有寬裕的時間進行內部審核。藉由提前十天完成的方式，留意細節並提高可信度。

除了整體內容外，當文件的拼字、版面配置、數字等細節部分出錯，甚至沒有處理好小地方就對外公開時，非但會導致成果的完整度下降，更會影響可信度。

一家公司因投資會議時準備的資料中夾帶空白頁且紙

張皺巴巴，而被與會者嚴厲批判「準備不足」；某次會議上，一名企業家見到分配給兩家公司的資料封面顏色稍微不同，不滿地質疑內容是否也因此有所不同。

也許乍看之下都是微小、瑣碎的細節，但最終卻成為降低工作完整度的主要原因；甚至會讓對方留下「這是間連小細節都不注重的公司」、「無視合作夥伴，只想敷衍了事」的印象，這些都是足以對合作關係造成影響的因素。

你的成果，就代表你的形象

有責任感的 CEO 或是工作能力受到認可的人，都會努力把構成自己人生的所有時間的價值，發揮得淋漓盡致。「每個當下都在延續自我的人生」，是他們共通的心態，也因此特別重視過程。

過程固然如此，對於成果當然也是一絲不苟。原因在於，首先得有高完整度的成果，才有辦法邁入下個階段。

這也是為什麼，大家願意不惜投入所有時間完成最終的成果。不過，這並不意味著可以無限耗費時間，而是必須竭盡所能地在每項日程的限定時間內，全神貫注完成工作。

不僅是企業家或領導者，在任何組織內獲得認可的人都深諳這個道理，並且將其實踐於工作之中。他們相信，一個人展現的一切都是在反映自己的形象，包括文件、發表、溝通、態度等。因此，為了迅速獲得優質的工作成果，唯有在截止時間前把事情處理好，才有辦法在寬裕的剩餘時間內發揮細膩度。

提前開始工作，專注於在截止時間前完成。在考量過程中可能發生各種變數的同時，充分準備並使其完善。解決意想不到的問題、修正可能對可信度造成影響的小錯誤，都是為了向世界展示最完整的成果。

於是，成果超越了單純的工作結果，成為展現自己的一部分。這些人也因此受認可為積極主動、負責、工作能力傑出的人。

急著趕在期限內完成者的成果，與重複檢查、改善數次才完成者的成果，在品質上必然存在落差。如同言行舉止會反映一個人的本性般，如實呈現做事方式的工作成果，同樣關乎一個人的工作態度，並形成互相影響的關係。

目前手頭上有正在進行的工作嗎？如果各位認為瑣碎的小細節並不重要，不妨再多思考一下吧。請務必牢記一件事：**無論是工作過程的每一刻，或是大計劃、小任務，都是在反映自己的形象。**

「**我創造的成果，代表的就是我**」。

真正的頂尖工作者，
從不犧牲生活品質

提早完成工作，為自己在期限前預留寬裕的時間這件事本身，已足夠減輕心理壓力。再加上，檢討時期不需要像起初開始工作時投入那麼多時間與心力。提前完成工作後的時間，既能提升成果完整度，也能為日常帶來多些從容。

如同崔在天教授所言，其實不難理解「為什麼平時看起來玩得不亦樂乎的哈佛優等生，實際上成績卻好得嚇人？」高效工作者也是如此，平時看起來總是比任何人都來得輕鬆。

好好工作 ≠ 沒有私人生活

撤除特殊情況外，高效工作者會把工作以外的時間完全用於自己身上。像是享受興趣或與家人共度，有時也會投入自我成長的活動、獨處等，重新調整日常生活。只要對自己有價值的事，都值得去做。

此時，儘管是工作表現再出色的人，也會遵守一項原則——**擬定或執行計劃時，勢必會同時考量個人生活與工作**。他們不會因為工作放棄個人該做的事；同理，亦不會為了私事影響工作進度。

為了事先協調好這一切，因此從策劃階段開始就會全心投入。於開始執行工作的擬定計劃時，深入考量各個層面，例如：業務或日程的處理順序、方法等。於此，最重要的是除了眼前的工作外，也得將正在進行或已安排的日程一併列入考量。工作以外的個人行程也是考量項目。兼顧工作流程與個人日常生活，全面地檢視與協調工作安排。

實際上，雖然自己於公是「作為上班族的我」，但於私也有屬於個人的日常生活。我們需要管理的不僅是工作時間，還有工作以外的私人時間。決定包含私事在內的事情處理順序，無疑是再自然不過的事。

換句話說，高效工作者也懂得將「提前十天完成」的方式，善用在以「我」為中心的日常生活。對他們來說，無論是工作或生活都總令人感覺充滿從容的能量。

減輕焦慮感，就能找回平衡

日常生活的滿足，對於自我效能感有正面的影響；而這件事會與工作成果產生連結。相信自己凡事都能順利完成的信念，會讓人對自己的想法與行為充滿信心；而這點也會延伸至個人價值與對生活的滿意度。於是，工作與生活達成互為動力的平衡。

為此，當然得先熟悉提前完成工作的做事方式。為了

在截止時間前完成，需要設定明確的目標，並為此按照優先順序考量每件事的價值。盡量減少不必要的工作，以便能夠順利按照順序執行。

相反，萬一老是被自己設定的行程追著跑，甚至連在個人生活都沒時間好好充電，結果會變得如何？需要解決的事情在心底堆成負擔，最終化作焦躁的情緒爆發。

如果想為自己的日常送上一份名為「喘息」的禮物，如果想以從容的態度處理事情並獲得成果，不妨試著將「提前十天完成」應用在自己的生活中。

光是「提前完成」的習慣本身，就能讓人掌握時間管理的主導權，增加如禮物般的自由時間。這也是為你我的心靈與日常生活增添些許從容的捷徑。

CHAPTER **2**

建立「快十天」日曆，
發掘自己的優勢

尋找自己獨有生理時鐘，建立專屬的「奇蹟規律」

社群網站正在流行「＃奇早認證」的標籤。所謂的「奇早認證」，是「奇蹟早晨認證」的縮寫，意味著在清晨起床從事閱讀、運動等自我啟發活動，度過有意義的時間後，將過程以貼文的形式分享至社群網站。或許是因為成功企業家、知名人士經常談起自己清晨起床的習慣，然後為了達成目標，每天提前完成一些進度的緣故，所以顯得格外有說服力，因此也引起許多人響應「奇早認證」。

「實踐清晨起床與規律後，確實度過比以前來得更有效率的一天。」

看著諸如此類的正面回應，「奇蹟早晨」的效果似乎真的不錯。然而，卻不是所有人都獲得正面的結果。

有些人抱怨，由於一大早就得起床的緣故，反而導致整天的專注力下降。對他們來說，清晨起床顯然不是有效率地度過一天的有效方法。既然早起不是適用於每個人的標準答案，那我們真正需要的又是什麼呢？

第一個小時是一天的方向舵

成功刮起「奇早認證」風潮的契機，《上班前的關鍵1小時》（*The Miracle Morning*，繁體中文版由平安文化出版）一書作者哈爾・埃爾羅德（Hal Elrod），強調每天早晨維持十分鐘規律的重要性，並且推薦以「冥想－肯定－觀想－運動－閱讀－寫日記」的方式維持規律。

藉由開啟一天的早晨時間喚醒身體與提高專注力，為有效率的一天做好準備的習慣別具意義。不過，並不是所有人都需要完全遵循這套規律。

首先，每個人的生理時鐘都不同，環境條件也不盡相

同。舉例來說，適當的睡眠時間或提升專注力的方法、可運用的早晨時間量也是因人而異。**所謂的「規律」，必須根據各自的生理時鐘與環境設定。重要的是，找到適合自己的規律並付諸實踐。**

「第一個小時是一天的方向舵。」

《聰明人的個人成長》（*Personal Development for Smart People*）作者史蒂夫‧帕夫利納（Steve Pavlina）認為，如何度過起床後的第一個小時，將決定接下來的一天。

據說，美國前總統歐巴馬（Barack Obama）都是在簡單運動、用餐，以及抽空閱讀報紙之中，開啟任期內的每一天；推特創辦人傑克‧多西（Jack Dorsey）會在起床後，利用三十分鐘冥想，接著重複三次七分鐘的例行運動後，喝杯咖啡；微軟創辦人比爾‧蓋茲（Bill Gates）會在起床後，於跑步機上跑步一小時，同時觀看教學影片；投資奇才巴菲特（Warren Buffett）則是透過閱讀早報作為一天的開始。

　　此外，也有人是在起床後立刻開始工作。臉書創辦人祖克柏（Mark Zuckerberg）一起床便開啟臉書與查看訊息；特斯拉 CEO 馬斯克（Elon Musk）會在起床後花三十分鐘查看與回覆 E-mail，同時喝杯咖啡。

　　即使這些人的起床時間、起床後的活動都不一樣，卻同樣擁有開啟一天的例行公事這項共通點。

開啓一天的固定規律

　　「麻煩讓我每星期能有三次運動後再上班的安排。」

　　筆者實際協助過的上司們，同樣都有各自獨有的早晨例行公事。S 老闆要求的是在安排日程時，確保能有個人的早晨時間；他每星期會跟著私人教練訓練三次，其餘時間則是獨自進行輕量運動或個人沉澱時間後上班。

　　邊用餐邊讀報紙，是 A 會長起床後的晨間例行公事。遵循少量飲食原則的他，幾乎每天都吃相同餐點；經常需

要外勤、國外出差的 B 社長，無論行程多　繁忙，依然堅持每天早上前往健身房。另外還有一些企業家會透過查看有興趣的股票、閱讀網路新聞或聽課，開啟每天的早晨。

　　並非所有的成功企業家、領導者都是凌晨四、五點起床。不過，他們的共通點是每天早上起床後，都會藉由自己獨有的規律開啟一天的生活。

　　「只要是用伸展運動作為一天的開始，我那天的狀態就會很好。」
　　「我每天早上一定要有一段屬於自己的時間，靜靜聽音樂。」
　　「在開始一天的行程前，喝杯熱茶，讀本書，腦袋就會變得清晰許多。」
　　「盡可能在晚上十二點前躺上床。」

　　高效工作者，尤其是時間管理能力出色的人的日常都一樣。他們每天幾乎都在相同時間起床、就寢，起床後或就寢前也都有意識地進行某些例行公事。

　　有人用寫作與閱讀開啟一天，有人會在睡前冥想或寫日記。每個人都擁有專屬於自己的生活規律。

　　心理學家喬丹・彼得森（Jordan Bernt Peterson）認為，每天進行規律的例行公事，是有助於個人精神健康的必需品。原因在於，持續沒有規律的生活既會打亂生理時鐘，也容易導致心理層面的不安全感，進而對維持一整天的情緒造成負面影響，並降低工作效率。

　　他建議先設定固定的「起床時間」，確保維持穩定的一天。至於是何時並不重要，但務必得遵守這個時間，並使其成為習慣。

　　總之，**每天按照自己設定的起床時間睜開雙眼，以及起床後的十分鐘至一小時間實踐自己獨有的規律**，將決定一整天的狀態。哪怕是再小的習慣，只要實際完成後，都會令人滿足與獲得成就感，而這也會很快成為影響每日效率的重要因素。

讓一天變得有效率的祕訣不在於凌晨起床本身，如何透過自己獨有的日常規律（Daily Routine）開啟一天，才是關鍵所在。

首先，掌握自己的生理時鐘

各位每天早上幾點起床？是否有起床後的例行公事？每天早上是不是總在一片混亂之中忙著準備上班，然後一到公司就急著開始處理手頭上的工作呢？這一切也許就是，導致各位天天都以像被什麼追著跑似的狀態度過一天的主因。

為了擁有一套能夠持續的獨家日常規律，藉以達成有效率的每一天，該怎麼做才好呢？**首先，必須掌握自己的生理時鐘**。各位每天需要睡幾個小時才會覺得神清氣爽呢？起床後至上班前，可以利用的時間有多少？通常會在這段時間做什麼？何時是一天之中專注力最高的時段？

像這樣掌握自己的生理時鐘與條件後，試著找一找能在十分鐘左右規律完成的活動。就算是從「一起床就刷牙、整理床舖」之類的簡單活動開始也沒關係。

如果這些活動早已成為習慣，不妨可以試著閱讀十分鐘。最重要的是，規律進行某件事。實在想不到該做些什麼的話，可以參考一下其他人的晨間例行公事。不過，務必選擇適合自己的方式。

決定好一項活動後，試著抱持全新的心態從事至少一星期。一星期後，身體會開始記住這項規律。與其非得早起做更多事，不如先找出自己獨有的模式。

其次，讓規律成為日常

雖然累積各種小習慣的過程相當瑣碎，換來的成就感卻無比扎實。這同時也會自然而然地成為養成下一個習慣的基石。當規律成為日常，並且遵循固定的模式進行時，

無形中就能減少煩惱接下來該做些什麼的時間，使人完全專注於真正需要之處。

只要規律的模式形成了，即具有讓人想要繼續維持的強大力量。

日常規律不僅是單純地重複某件事，並使其成為習慣，而是在完成一項項活動的過程中，成為累積自我信任的契機。因此，比起人人稱讚的習慣，更重要的是先從自己有辦法完成的習慣開始後，再一項接著一項去嘗試。

所謂的「奇蹟」，並不在於凌晨起床。而是當規律的習慣經過日積月累後，在不知不覺間會奇蹟似的發現，自己變得與過往不一樣了。試著尋找與累積一項又一項能夠為自己人生喚來奇蹟的各種小習慣。每天早上重複一項為自己帶來安全感的活動，等到逐漸習慣後，再加入另一項新活動。這將成為你獨有的規律，創造專屬於你的奇蹟。

TIP

提升大腦記憶力的早晨規律

世界知名腦力教練吉姆・快克（Jim Kwik）推薦提升大腦記憶力的早晨規律如下：

1 早晨時，將夢境內容寫成日記紀錄。

2 整理床舖。

3 使用非慣用手刷牙。

4 喝水。

5 洗冷水澡。

6 喝喜歡的茶。

7 記錄期望達成的事。（像是別再做的事、個人想達成的事、在專業領域想要達成的事等）

8 使用對大腦有幫助的食材，製成奶昔飲用。

9 閱讀（每星期讀一本）。

10 冥想二十分鐘。

吉姆‧快克表示自己經常在閱讀與冥想間，增加五分鐘左右的運動。根據研究結果顯示，上午七點、下午一點、下午七點運動或活動身體，有助於大腦活動。因此，不妨參考上述內容，制定一套屬於自己的規律，刺激大腦活動，度過有效率的一天。

認知時間有限的原則，
聰明分配時間

　　當你前往賣場購物時，若可提前寫下需要購買的清單，既可以減少煩惱的時間，也可以根據自己的計劃預先準備尺寸合宜的購物袋。然而，實際到了賣場後，卻發現除了購買清單上的物品之外，還有其他東西吸引自己的目光。即使這些東西並不是馬上需要，但內心盤算著總有一天能派上用場，最後只好將它們通通放進購物車內。

　　隨著額外購買的東西變得越來越多，事先準備的購物袋空間也開始縮減。有時，甚至還會溢出購物袋。當額外購買的東西越多，自然就會提高意料之外的支出。類似的情況，同樣會發生在時間管理、工作管理時。

「今天」的購物袋裡，該放些什麼？

假設有個名為「一天」的購物袋。今天需要完成的工作，是必須裝進這個購物袋的品項。此時，時間只有「一天」的購物袋裡，能裝的業務量有限。就算能像俄羅斯方塊一樣填得毫無縫隙，終究還是存在限度。

現實生活中的購物袋可以根據情況變更尺寸，必要時也可以直接購買新的購物袋，但「一天」這個購物袋的尺寸，卻是在起床的那一刻就已經決定了。既不能額外購買，也無法更換。

我們必須有效率地裝好待辦工作，以免溢出尺寸存在限制的「一天」購物袋。可以的話，說不定還能多出額外的空間。

時間購物袋當然也有優點。像是每天都會生成全新的購物袋；只要願意，任何人都能親自規劃與調整一天需要做的事，並將它們逐一放入購物袋。越是期望有效率地度

過每一天的人，越擅於協調好當天的待辦清單，確保毫無遺漏地將所有東西裝進購物袋。

讓我們來看看在「今天」這個購物袋前，猶豫著該放多少、放什麼的 Y 的案例。

「明明感覺做了很多事，但為什麼沒有一件事是好好做完的？」

Y 每天都會寫一份待辦清單，以便仔細處理堆積如山的工作。可是，等到下班後重新檢視清單時，卻老是覺得十分訝異——明明一整天過得好忙，也處理了一大堆事，但待辦清單上卻沒有幾項可以被標記「已完成」。每當這種時候，油然而生的往往是莫名的不安，而不是認真工作了一天，終於結束的成就感。好像按照計劃全做了一遍，但為什麼會發生這種事呢？向身邊的人傾訴後，所有人都異口同聲地說：

「你必須好好選擇和專注。」

事情越多，越該好好選擇與專注，才有辦法有效率地完成，是任誰都明白的道理。問題在於，人們總是疑惑著究竟該選擇與專注於哪些事。大家都很清楚何謂重要且緊急的事，像是「優先處理快到截止時間的工作」。然而，在面對初次接觸的工作或仍處於適應職務的時期，對於重要性的判斷似乎就不像用說的那般容易了。

工作有效率的人懂得像是使用濾網篩掉殘渣，只萃取精華般，正確分辨該選擇與專注的工作。**祕訣在於，先根據業務的性質與標準劃分不同的工作後，再開始決定優先順序。**

設定順序與範疇，放入不同天的購物袋中

我們每天都會得到一個相同尺寸的時間購物袋。明天、後天、一星期後的每天，依然都會生成這個名為「一天」的新購物袋。裝進「一天」購物袋的工作種類相當多樣化，有些是當天截止的工作，有些工作則還有寬裕的時

間。第一件事,是將手上的所有業務細分,並將它們逐一放入每星期不同天的購物袋裡。

需注意的是,將被放入當天購物袋的工作彙整成為待辦清單後,按照不同項目,以**數字**標記截止時間與處理順序。

使用數字標記工作處理順序一事,是利用了人的心理。**別再使用「★」或「重要」之類的符號、文字標記認為重要的工作了。**

再怎麼重要的工作,也可以分為較急迫,以及能稍候再做的事。既然每件事都有明確的順序,不妨直接用數字清晰地標記順序。如此一來,「隨時可以做的事」就會自然地被往後挪或改到其他日子。

確定工作順序後,即可按照時段分配何時進行哪項業務。這會決定將在一天中的哪個時段、使用多少時間進行。此時,有件事千萬不要忘記 —— 必須具體記錄該時段「做

什麼」、「怎麼做」。

一般來說，記錄「待辦工作」或行程時，通常會使用像是「行銷部門週會」、「B公司合約相關會議」等關鍵字；這麼做的好處是，只要看看行事曆就能一目瞭然。

不過，該時段具體要做些什麼，得在行程開始時重新檢視待辦事項或資料，才有辦法知道。結果必須等到行程已經開始了，才重新思考自己該做些什麼。於是，勢必又需要額外的時間。

即使也有能立刻埋首工作的時候，但有時卻得把時間耗在煩惱應該從何開始。再次強調，每個人每天的時間購物袋容量有限。**為了在允許的時限內完成工作，我們必須替待辦業務設定好具體的範圍。**

假如擔心記錄得太詳細而無法一眼看懂，也可以在行事曆的備忘錄欄、空白處寫下具體事項。

一般人的行事曆標記	高效工作者的行事曆標記
● ○○會議資料研究 ● 與Ａ公司開會	● ○○會議更新資料研究後修訂 ● 與Ａ公司第一次商品企劃會議

在制訂計劃時設定具體的業務範圍一事，實際上也是在為整項工作設定好時間表的基本步驟。

舉例來說，手上有份必須在一星期內完成的報告。每天要做一定分量，才有辦法在預定日期完成。此時，每天的工作分量會有所不同。有些日子因為其他工作的緣故，只允許投入一小時，有時則是三小時。重要的是，將它們具體分類並逐一放入適當日子的購物袋，以便在既定時間表內解決。

經由這樣的分門別類後，標記好每天的待辦業務，便能清楚需要立刻完成的工作。同時，更可以減少煩惱的時間。儘管當天出現了額外的工作，也只需要在既定日程裡稍微調整時間或業務量就好。

先檢視空檔再規劃，而不是看心情

制訂一天計劃時，通常會將有空檔就能完成的事一併列入考量，而不是根據重要程度分配有限的時間。

舉例來說，像是私人文件，或整理資料夾、名片等，雖然都是些不急著做的事，但心想著提前完成或許有助於時間的運用。這些事往往都是總有一天得做，卻沒必要非得在今天完成的事。

如果想把這些事通通列入今天的待辦清單，就會演變成邊先處理想做的事邊擔心該做的事、做該做的事的同時又放不下想做的事。於是，通通變成了內心的包袱。

有辦法同時完成兩種事固然令人感到滿足、有成就感，但萬一做了卻又做不完，甚至拖慢處理整體工作的速度，因此，先果斷地設定好優先順序，或許才是更好的方式。

　　首先來看看，為什麼今天明明有好多事得處理，卻還要一直去碰那些不急的事？我們的大腦具有選擇輕鬆、簡單的事的傾向。就算在工作上有些事必須在今天內完成，內心也會出於本能地想要先處理能夠輕鬆、迅速搞定的事。

　　此外，當對各項業務標準的理解程度不明確時，也會發生類似的情況。因此，就算是不急的事，提前完成也一定有幫助。我們必須根據工作的種類與重要程度，決定是否放入今天的購物袋，而不是單憑自己的心意。

　　即便已經將待辦工作適當地放入一星期的不同天，但假如今天想做些沒那麼緊急的事時，不妨重新檢視一次自己的行事曆。行事曆上的空檔有多少，即解答了我們究竟能不能先做自己想做的事。

　　望見標記著優先順序號碼與截止時間的那一刻，自然就會將沒那麼重要的事往後延。儘管如此，也依然心心念念著想做的事時，請堅定地告訴自己「不是現在！」光憑一句簡潔卻有力的話，就能立刻切斷思考的迴路。盲目跟

隨乍現的念頭，最後只會換來滿滿的後悔。

　　各位如何計劃今日待辦事項的清單呢？根據什麼樣的順序，分配馬上該做的事與想做的事的比例呢？是不是正為了想做的事而推延該做的事呢？

　　無論是出於什麼樣的雄心壯志製定計劃，每天可用的時間都是有限的。貪心著想要一口氣完成所有事，終究不可能做得完。

　　如果是一心想著減輕明天購物袋的負擔，務必考慮一下購物袋的容量，然後先專心裝好今天該做的事。想做的事越多，越該意識哪些才是該做的事，並優先處理，如此一來才能有助於運用今天的時間購物袋。

TIP

如何將待辦事項好好裝進
「今日」的購物袋

世界知名腦力教練吉姆・快克（Jim Kwik）推
薦提升大腦記憶力的早晨規律如下：

1. 把想到的待辦事項寫下來。

2. 標記其中必須在今天內完成的事。（或寫下
   截止時間）

3. 按照優先順序寫下數字。

4. 劃分從現在至睡前可使用的時間。

5. 將 3 決定的順序輸入行事曆。

6. 於輸入時一併設定預計所需時間與區間。

   - 若初次使用這個方法時，難於估計時間，
     請盡量設定寬裕些。**即使提前結束，也要
     確保預留充足時間。**

   - 務必將移動時間列入考量。

7. 寫好待辦事項後，確認一下剩餘時間。

8 從想做的事中，挑選最需要優先處理的事，
　　輸入可運用的時間區間。

　　今日待辦清單的架構，是根據務必在當天完成
的工作安排優先順序後，再運用剩餘的時間進行想
做的事。當想做的事有時間限制時，那麼它遲早也
會被列入該做的事，所以不必太過擔心。

　　如果不是與人約好，而是個人想做的事，其期
限大可隨心所欲調整。不妨放下連想做的事都非得
在今日內通通完成的心理壓力，先專注於該做的事
吧。

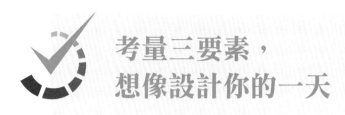

考量三要素，
想像設計你的一天

　　如同衣服會隨著如何設計而變得不一樣般，工作成果也會隨著設計的不同而有所改變。設計，是種描繪整體藍圖的過程。提及造形作品或建築物時，意味的即是設計或圖樣。既然如此，工作又該如何設計呢？

　　如果想要描繪一幅工作的整體藍圖，基本上「做什麼」、「何時做」、「如何做」都是需要列入考量的關鍵。

　　「什麼」，指的是特定業務或本日工作；「何時」，即是時機，包括什麼時候該做這件事、有多久時間可以做這件事的規劃。此時，出現了另一個更重要的因素，也就是關於「如何做」的部分。這點對於提升工作效率尤其重要。

一般來說，如何工作意味的是工作方式或處理業務的手段，但在這裡的「如何做」，也囊括了從構思如何度過一天，到面對工作的心態與態度。

善用大腦的特性正面思考

　　總在上班時間前，便以精神抖擻的模樣守在自己崗位上的 M，從進入公司的那天起，就是出了名的高效工作者。即使面對緊急的情況，也都能靠著一句「沒關係」，不慌不忙地解決的模樣，使得同事們無一不好奇 M 調整心態的方法。M 搖了搖手，表示自己並沒有什麼調整心態的方法。不過，M 也說「因為我太清楚自己是只要一急就很容易犯錯的性格，所以每天早上都會固定做一件事。」

　　「今天也從容地完成每一件事吧。」
　　「今天業務好像比平常多喔？一件件慢慢做、好好做。」

　　光是像這樣下定決心般對自己喊話，就能調整行為模

式的速度。

　　每次開會時總能充滿自信地表達意見的 R，也有類似
的習慣。R 不僅在會議上的報告表現出色，面對任何提問，
也都能像個完全準備好的人一樣應對如流。讓每次猶豫著
該不該提出想法，以及一聽到提問就顯得驚慌失措的同事
們感到相當羨慕。

　　這樣的他，其實不是打從一開始就有辦法自信地發表
報告。剛踏入職場時，經常因為緊張而無法完整傳達準備
好的內容。一聽到提問就開始冒冷汗、整張臉漲得紅通通，
只感覺到與會者們扎人似的炙熱目光。

　　心想著不能再這樣下去的 R，下定決心至少要把準備
好的東西完整表達，並開始自我訓練。首先，只要一收到
準備開會的消息，他就會開始想像會議的最後一刻 —— 練
習在腦海中描繪，會議結束時畫下完美句點的畫面。準備
會議時也是如此。寫下自己的想法後，試著練習透過言語
表達，同時也在腦海中揣摩自己在實際開會時提案的模樣。

將自己的情緒、環境氛圍、與會者的反應，以及被提問時該如何應對等，通通在腦海中生動地描繪；此外，也會在會議當天早上想像在會議開始前、會議期間、會議結束後該做的事、態度、心情等。在格外緊張的日子，他會看著鏡子說：

「你一定做得到。你準備得很好，今天就是享受豐收的日子了！」

雖然有些肉麻，卻能感受到從內心深處竄湧而上的自信。反覆的練習逐漸紓解了對於會議的緊張感。於是，他找到了按照想像行動的自己，也因此變得越來越有信心。

體驗過想像對現實的影響力，並帶來正面改變的 R，從此以後的每天早上都會在腦海中描繪那一天的生活。隨著「一日想像」累積得越來越多，最終也在不知不覺間形塑了現在的 R。

想像期望中的自己

不僅個人表現出色，也經常帶領團隊達成超乎預期成果的 Y 組長，是出了名工作能力卓越的領導者。由於要求向他學習領導能力的職員實在太多了，因此公司內的教育部門特地邀請 Y 擔任講師，為其他組長進行培訓。

聚在教室裡的組長們，紛紛期待著能在課堂學到關於業務分工、如何與組員溝通等具體的領導技巧與訣竅。然而，課程內容卻出人意料。Y 分享了自己成為組長前，即是從新人時期便為了達成目標，至今持續實踐的一項習慣。

「我是個渴望不停超越現在的自己的人。換句話說，也就是經常在思考怎麼做才能每天更進步些，成為更厲害的人。於是，我自然而然地開始**描繪自己期望的理想狀態**。我會不停想像著平常該怎麼行動、說話，以及該怎麼度過一天。後來，我突然發現自己的行為表現得和想像中一樣。每天早上思考今天該做些什麼前，我會先試著在腦海中描繪該如何度過這一天。如此一來，便能自然地決定好該做

些什麼事。」

　　Y 組長的這項習慣，即是知名企業家、運動員常用的心像練習之一。這是**藉由在內心想像理想狀況或行動後，於腦海中如實描繪的行為**，提升執行力的訓練方法。尤其像是運動員，他們平時就會訓練想像自己得分、打破紀錄的瞬間。不少研究結果都證實了，像這樣透過想像的訓練，確實會對實際比賽產生效果。

　　高效工作者，同樣會像運動員一樣想像著如何規劃一天，以及成功的那一刻。除了計劃「該做的事」外，也會描繪「如何度過這一天」的整體藍圖。完成腦海中的藍圖，決定了度過今天這一天的態度與心境，自然而然就會知道該以什麼順序安排哪些工作。

　　假設各位今天有場重要的發表報告。那麼該如何在腦海中描繪這一天呢？為了在報告時不慌不忙地準確傳達準備好的內容，自然少不了做足準備功課，像是在報告前重新檢查資料、模擬練習、應對提問的回覆答案等，這些都

需要預留時間才能準備。在這樣的日子，更需要從容、沉穩地度過，而不是讓自己忙得團團轉。

為了創造這樣的一天，只要試著在腦海中確認一下目前規劃的行程，與今天在腦海中描繪的藍圖概念是否吻合即可。雖然工作順序對於創造有效率的一天也很重要，但首先必須樹立自己如何度過這一天的態度與心境。

心態會影響狀態，由自己決定

高效工作者腦海中描繪的一天，大多是從容的。除了非做不可的事外，其實他們不會把日程安排得密密麻麻。即使是預想到會比較忙碌的日子，也依然會抱持輕鬆的心態，想像著自己一件接著一件解決的模樣。同時，也會為了配合這樣的日子，而重新檢查時間與業務安排。畢竟，每天都有必須處理的工作。就算面對的是同項業務，一個人的思維決定了置身其中的自己將如何完成這一天。

人的大腦會向身體發送信號，讓身體跟隨主人的想法行動。假如發送的是「快點！快點！」的信號，身體與心理都會急著趕快動起來；假如發送的是「慢慢來也沒關係」的信號，身體與心理就會變得從容。即便今天該做的事看起來很多，但只要想像一下自己將以什麼樣的心境與態度處理，接收到這項訊息的大腦，就會協助我們按照想像去做。

腦海中描繪的景象，會無意識地反映在一個人的行為上。

「今天會忙死」的想法，創造了忙得不可開交的一天；「慢慢做就會做得很好」的心態，讓人有時間可以重新思考。當然了，思維也會透過表情流露，透過言語表達。如果各位想過理想的一天、理想的生活，不妨試著在擬定計劃前，先好好設計一番吧。**畫出一幅期望完成的藍圖，藉以決定「做什麼」、「何時做」、「如何做」。**

各位描繪的今天是什麼模樣？靜下來重新想一想，自己是否依照腦海中設計的景象完成這一天了呢？

TIP

按部就班提升效率的思維設計過程

　　描繪理想的一天，並非單純地想像自己的願望。而是必須在腦海中想像所有的過程，具體釐清該做什麼、怎麼做，以及想像與感受當下的情緒。讓我們實際按照以下步驟，實踐提升效率的思維設計過程。

1 認知明確的目標

　　清楚自己能透過該做的事得到什麼成果後，才有辦法掌握方向。當設計一天的生活時，其目標即是期望自己過完這一天後，能在睡前感受什麼樣的情緒、有什麼樣的想法。

2 整理該做的事

　　列出實現預期目標所要完成的事。先將這個步驟視為執行一項業務的過程，後於腦海中具體描

繪，在今天的有限時間內該做些什麼事。不一定非得是工作流程，也可以在檢視日程後，想一想如何順利過完一天。假如腦海中無法描繪出清晰的景象，可以先將浮現的想法列在筆記本上，再逐一整理排序。

3 帶著情感描繪

試著在腦海中想像一下，輕鬆、順利地執行整理好順序的工作的過程。萬一遇到可能發生的問題，也要相信自己可以順利解決。至此，除了只想像執行的過程外，也試著感受一下處理該業務當下的情緒。例如：心情愉悅地檢查資料的模樣、被過度專注的自己嚇到的畫面等正面情緒。重點在於，想像自己模樣的同時，也要一併感受情緒。

4 思考過後，即刻行動

在腦海中描繪景象並切實感受情緒後，請即刻

開始行動。「這樣真的可行嗎？」之類的疑惑，只會讓進行至此的想像瞬間化為烏有。請不要允許其他的想法趁機鑽進腦海。唯有在思考過後即刻行動時，想法才會變成現實。

認真想做的計劃，請設定自己專屬的截止時間

　　D主任是凡事都要事先規劃好才安心的類型。每天早上按照時段決定好該做的業務後，才正式開始工作。看著這樣的D，同事們總說：「他是認真喜歡計劃。」

　　遺憾的是，收穫的成果與計劃的投入程度老是不成正比。D主任的口頭禪是：

「我以為可以全部做完的……」
「差不多快做好了……能不能麻煩再給我一點時間？」

　　隨著截止時間逼近，必須趕快處理的業務開始堆積如山。明明每天都按照優先順序整理、安排妥當，真的不明白一到期限就手忙腳亂的原因為何。於是，D主任向自己

一直視為職涯導師的 L 經理尋求建議。D 尤其好奇 L 經理每天都得與各部門職員開會，同時又能準時處理好業務的祕訣。

1 工作要劃分成三階段

L 經理先是瀏覽了 D 主任的待辦清單與行事曆，隨後便拿出自己的行事曆給 D 主任看，並要他指出兩者間的差異。

L 經理的行事曆上，每項業務間是有空檔的。不過，每個空檔的時間長度不一樣。此外，也能在行事曆上見到「移動」、「出發」等詞。L 經理向完全看不懂規劃標準、差異何在的 D 主任，解釋了關於工作三階段的概念。

根據他的說法，所有工作的執行都必須歷經三個階段：

第一階段：透過準備過程暖身的時間。這是掌握業務性質、構思處理方法與研究資料的階段。如同運動前需要

暖身一樣，工作時也需要這樣的準備功夫。

第二階段：執行過程。這是根據第一階段整理出來的結果，正式投入工作的階段。此時，可以進行多方面的嘗試，像是修改資料的視覺效果、書面資料整體樣式等，亦可於過程中與組員、上司交流，藉以檢查工作方向。

第三階段：收尾。配合約定的時間，進行收尾的過程。這是為了確認工作成果，與起初預期的目標是否吻合的最後檢查階段。

聽完上述的說明後，會不會有些懷疑，自己一直以來在執行工作時，是否遵循這三個階段呢？請放心，多數人在工作時都會無意識、自然地經歷這三個階段。問題在於，擬定計劃時卻忘了將三個階段列入考量。

那些說自己在工作時老是像被時間追著跑、無論計劃了多少都覺得時間不夠用的人，大部分都是有個傾向──只顧第二階段，也就是只想到正式開始業務的部分。D 主

任也是如此。刪除了工作的第一與第三階段，僅將第二階段的所需時間列入考量的計劃，免不了陷入老是手忙腳亂的漩渦。

② 不要忘記「過渡時間」

根據工作三階段的概念，在正式投入業務（第二階段）前的準備時間（第一階段），以及替工作收尾並轉換至其他業務前的時間（第三階段），是不可或缺的；意即「**過渡時間**」。

所謂「過渡時間」，指的是從現在轉換、改變至另一種狀態時需要的時間。舉例來說，試著想像一下需要開始執行新業務的情況。首先，必須藉由學習取得新知識，接著實際應用在適當的環境，並將其內化成完全屬於自己的東西後輸出。這時，改變需要的時間就是過渡時間。

如果是需要外出的行程，移動前往約定地點的時間也

屬於過渡時間；如果是會議相關的行程，過渡時間即包含會後重新回顧與熟悉會議內容，藉此掌握下一步該做些什麼的過程。

懂得從規劃工作開始，就將過渡時間列入考量的人，非但能夠創造出色的成果，也經常得到「辦事速度很快」的讚賞——因為這些人勢必可以在約定的截止時間前，不慌不忙地完成工作。

這與提前十天完成的方法相當類似。原因在於，將準備階段與最終檢查時間一併列入考量，並且從容完成工作的原理是一樣的。提前完成工作後，預留修訂、改善，以及提高完整度的過程，亦屬於工作三階段的過渡時間。

高效工作者在完成一件工作時，就是像這樣連過渡時間都能考慮到。如果能與此同時善用提前十天完成的具體實踐方法，「設定自己獨有的期限」，即可更加俐落、完美地完成工作。

3 永遠比「正式的截止時間」要早

　　單純地考量過渡時間，並不代表就能在截止前完成工作。為了確保能提前完成並預留充分的檢查時間，需要另外設定包含過渡時間在內的非正式截止時間。換言之，即是在正式的截止時間外，設定自己獨有的期限（**deadline**）。

　　雖然確切設計時間的方式會依照業務性質、截止時間的長短而有所不同，但**建議將目標設定在提前最少兩至三天、最多一個月完成**。雖說通常是要求在截止時間交出最終版本，但偶爾也會遇到，必須在此之前先交出意見回饋與修訂的情況。

　　如果期望在最終期限交出成品，為工作畫下句點，請自行在至少一天前繳交。其間，若能得到意見回饋，也可以再次檢討、改善，藉以提高完整度。假設不需要進一步修改，即等於多節省了些時間。

假設截止時間是六個月後的話，請將目標訂在五個月內完成。多餘的一個月，是完善成品的時間。萬一面臨突發狀況，導致比非正式期限更晚完成時，也會因為擁有寬裕的時間，而減輕情緒上的焦急。假設是必須在三天後繳交的書面資料，請將目標訂在最多兩天前，最少一天前完成。只要在最後的第三天進行最終檢查後，即可繳交。

　　所有工作都有期限，所以必須在期限內完成才行。為此，請在正式截止時間外，設定自己獨有的期限。同時，務必記住將過渡時間納入執行工作的每個階段。

　　工作該重視的不是只有目的地，逐步邁向目標的過程也很重要。過渡時間會因人、因狀況而異，因此請在制訂計劃時，審慎考量本人預期的所需時間。

將過渡時間列入考量的時間軸設計

假設在二樓工作的各位，收到下午三點必須前往同棟大樓五樓進行企劃進度報告會議。在規劃今天的工作日程時，該如何安排過渡時間呢？

階段		預期時間	主要工作
1	準備	13:30 ～ 14:45	研究與準備會議資料
		14:45 ～ 14:55	前往會議地點的移動時間
2	執行	15:00 ～ 16:00	開會時間（5F）
3	收尾	16:00 ～ 16:10	會議結束後的移動時間

預計前往會議地點的移動時間為五分鐘，因此，以於會議開始前五分鐘抵達現場作為規劃目標。研究會議資料的時間，可以根據準備狀態調整。

不過，這可不是該被省略的部分。換言之，計

算第二階段的工作時間時，前後至少需要預留十分鐘，並且要將這點也一併列入行事曆。

　　倘若是在省略過渡時間的情況下調整日程，自然就只會聚焦於「會面時間」、「截止期限」。如此一來，很容易就會發生時間不夠用的情況，甚至導致自己成為無法遵守約定的人。

　　如果不想被貼上「失信」的標籤，務必在規劃行程時，多留意工作不同階段的過程與過渡時間。

細分化時間，
減少時間的流逝

　　流程的管理，對於能否順利完成工作是相當重要的一環。原因在於，成果會隨著過程產生變化。

　　我們之所以需要學習如何善用「提前十天完成」，也是為了提升成品的完整度。如前所述，「提前十天完成」可以顧及為求趕上期限而被忽略的細節，完整呈現最終結果。這裡還有另一項技巧，有助於更有效地運用「提前完成十天」——**掌握工作性質，並將過程細分化**。藉此，不僅能夠清楚工作整體所需時間與方向，也能盡量減少浪費不必要的時間，提高工作效率。

全方位考量，完善工作流程

所有工作都是小單位的業務集合而成。為了讓一場會議順利進行，伴隨的是協調日程、預約適當地點（會議室）、資料調查與彙整、公告消息、撰寫會議紀錄等各項業務。

假設現在需要完成一份企劃書。我們需要歷經撰寫企劃宗旨與背景、選擇主題、搜集與彙整相關資料、內容架構、撰寫草稿等各種步驟，這份企劃書才算完成。因此，順利完成各個小單位的業務，這項工作才能大功告成。為了有效率地完成工作，我們必須在設計整體工作流程時，考量基礎業務的順序與處理各項業務的時間。

關於處理各項業務所需的時間，可以藉由過往的工作經驗掌握。我們通常都十分清楚自己上、下班或準備出門大概需要多少時間——因為這既是生活的一部分，也是經驗十足的日常。

工作也是如此。只要根據過往的經驗，即細分化業務並推測預期所需時間。此時的規劃重點，在於如何掌握執行工作所需的小單位業務，以及預估各個小單位需要的時間。

當業務被細分化後，便能透過釐清各種業務的內容與所需時間，了解工作的脈絡；尤其可以藉此清楚整體工作的輕重，知道在哪些部分需要投入更多心力、哪些部分能輕鬆應對。

將工作一一拆解，列出所有清單

「寫週報只要三十分鐘就夠了。」
「大概要花一星期左右才有辦法寫出新企劃的提案。」

高效工作者大多已經知道不同工作需要的時間，所以能藉此決定自己需要在哪個時間點、投入多少時間在這項工作。如果需要寫一份報告，必須在計算時間時，將整理

業務執行內容並寫成書面資料、最終檢查等一連串的過程，通通列入考量。

　　換句話說，唯有百分百熟悉一份工作的執行過程，才有辦法徹底做好時間管理；**在正式開始投入工作前，必須先把要做的事細分為小單位，逐一列成一份清單。**

　　舉例來說，假設是第一次撰寫會議紀錄的情況。從會議紀錄的格式到需要記錄的內容、撰寫方法、發送時間點等，都必須先徹底掌握才行。從會議前至會議結束的各項步驟如下：

會議前	● 搜集會議紀錄格式 ● 翻查過往的會議紀錄，並標註需要記錄的項目
會議中	● 完成會議紀錄草稿
會議後	● 備妥最終版本，並呈請核示 ● 檢查修改項目後發送

　　將工作劃分與整理為不同階段，並搜集每項業務預估所需時間，即可清楚撰寫一份會議紀錄總共需要的時間。

透過這樣的過程,即可組織當下進行的工作脈絡與大致所需時間。

如何估算工作所需時間?

「關於下星期的主管會議,麻煩預定兩小時。」

「我需要花個三十分鐘和朴組長茶敘,請告訴我可以安排這件事的時間。」

筆者協助過的 CEO 們會在調整日程時,明確告知會議名稱與預期時間。這時的「時間」不只是實際的會議時間,而是包含了為使該項日程順利進行,事前需要準備的工作,以及為此需要花費的時間。他們透過準確掌握各項業務所需的時間,領導整體工作的流程。

既然如此,讓我們一起來看看,有哪些方法可以用來掌握工作所需時間。

首先，由於我們可以憑經驗知道定期發生的一般業務需要的時間，所以只要掌握開始與結束的時間就好。萬一是初次接觸或無法估計所需時間的業務，則需要比過往處理類似業務時，預留更加寬裕的時間，並且檢查與記錄整體所需時間。

　　直接在平常的工作日誌、待辦清單上記錄時間，或在行事曆上標記實際使用時間，也是很好的方法。假如原本預計在早上十點花一小時撰寫企劃草稿，結果卻花了兩小時，請務必重新記錄實際所需時間。這些紀錄都會成為往後安排工作與預估所需時間的重要資訊。

　　記錄工作所需時間時，必須排除休息與工作以外的時間。為了準確估算與規劃所需時間，清楚自己的專注力在開始一項工作後能維持多久，也是訣竅之一。

　　平均來說，一個人在專注二十至五十分鐘後，需要稍作休息。如果想要更準確地知道自己的專注力能維持多久，只要檢視一下自己在正式投入工作後，經過多久時間會開

始上網、看訊息或信件就能略知一二。

　　以自己有辦法專注的時間為單位（實際上也可能是以分鐘為單位），為每項業務進行適當安排，即可將不必要浪費的時間降至最低，同時又能有效率地完成工作。

　　從現在起，改掉在行程表上只寫業務名稱的習慣。將工作以奈米為單位細分化，在行事曆上輸入執行每項業務所需的時間，這就是既能減少浪費不必要的時間，又能掌握工作主導權的祕訣。同時，更能有助於善用「提前十天完成」，讓人習慣在不被時間追著跑的情況下，順利繳出亮眼成績。

比爾蓋茲、祖克柏都在切割時間

管理學者彼得‧杜拉克（Peter Ferdinand Drucker）於其著作《杜拉克談高效能的 5 個習慣》介紹了五個提升工作效率的方法，而時間管理即是首要之重。徹底管理時間是成功人士的習慣之一，是眾所皆知的事實。

然而，許多人卻透過經驗省悟一個道理──即便不是單純為了追求成功，但只要做好時間管理，就能提高工作與生活的效率；而最重要的是，理解時間管理的真正意義並付諸實踐。

微軟創辦人兼世界首富比爾蓋茲，即是以分鐘為單位規劃日程聞名。為的就是盡可能減少浪費時間，以及有效率地利用時間。

臉書創辦人、Meta CEO 祖克柏也相當忌諱浪費時間，甚至為了節省挑選衣服的時間，而決定每天穿一樣的衣服。

有些人誤以為，以分鐘為單位擬訂計劃，並把浪費的時間降至最低，意味的是密密麻麻地詳細列出待辦業務。

再次強調，這麼做是為了把時間切割為小單位，細分化待辦業務；亦即將工作流程細分化後，為其分配適當的時間處理。如此一來，便能掌握工作的主導權，並在最後取得豐碩的成果。

CHAPTER *3*

利用「提前十天完成」，
找回生活鬆弛感

一拖再拖，該做的事也不會消失

「今天又做不完⋯⋯」

到了結束一天工作的時間，卻發現還有事沒做完，確實令人苦惱。

A：「唉，算了，明天再做吧。」

B：「怎麼辦⋯⋯還是先做一點，然後明天繼續做？」

樂觀看待的 A，以及矛盾著該不該為求心安先開始做一點的 B。神奇的是，雖然兩人的反應不同，但顯然未完成的工作，同樣會被推延至明天或更之後的時間。一旦類似的情況反覆發生，結果會是如何？由於增加了前一天推延的工作，因此導致今天該做的工作量上升。隨著工作進

度一點一滴的延遲，最終打亂了所有的行程，對相關人員
與工作皆產生負面影響。

對自己又會造成什麼影響呢？有別於擬訂計劃時的雄
心勃勃，眼睜睜看著無法在期限內處理好的自己，有時確
實令人感到無力。對於自己老是無法按照計劃執行，甚至
拖延的模樣，非但會造成自我效能感下降，甚至還會喪失
對工作的自信與熱忱。只是，在責怪自己之前，有必要先
釐清促使這些事發生的根本原因，也就是「日程拖延的真
正原因」。

為什麼「現在就是不想做」？

拖延日程的直接原因，大致上可以分為兩種。第一種
是由外在因素引起的，像是計劃方向受到改變，或是因為
要求的資料回覆延遲，最後導致日程生變。

即使是外在因素，當然也有防止拖延的方法。如果能

明確表達自己的要求事項，並在截止時間前再次提醒，基本上就能在一定程度上防止對方回覆的延遲。不過，這顯然也會依對方的配合程度而有所不同。萬一工作進度被延誤了，也可以視為是外在因素導致而成。

第二種，則是如實反映了自我意志。例如：自行變更或調整日程、將當下就該完成的事推延至隔天，或是明明訂好計劃卻不遵守。當然，這不包括為求更好的成果而需要額外時間的情況。

自主推延日程的行為，大多發生在某個瞬間決定隨心所欲之後。當認為「無論如何都會搞定」、「現在就是不想做這件事」的想法變得強烈時，就會發生這種情況。於是，積極主動且精心規劃的行程表變成了無用之物，進而演變成無法確保工作如期完成的局面。

結束忙碌的上午行程後，終於可以稍微喘口氣的行銷組長 K。瀏覽一下待辦清單後，發現幾項可以不必立刻處理的工作，所以決定將它們通通移到明天。等到隔天一早

準備開始處理前一天推延的工作時，卻忽然緊急增加了新業務。於是，前一天沒有完成的工作只好重新排到隊伍的後方，但也幸好準時完成了緊急增加的新業務。

雖然整天忙得團團轉，但 K 的心裡始終有些疙瘩。因為掛慮著沒有在前一天完成而留到今天的工作，所以一直急著想趕快做完今天被交代的事。或許是因為這樣，最後的成果也被發現處處可見不夠周全的地方。

重新回想起前一天決定推延工作的那一刻。「那些事真的不需要立刻處理嗎？」、「真的隔天再弄也沒關係嗎？」K 自問著。儘管當下認為自己是因為距離期限還有段時間，但事實上在那一刻不想做那些事，才是決定這個選擇的最大原因，也因此感到相當懊惱。

時間不夠？還是慣性拖延？

經常拖延的原因——「現在不想做」的心態——從何

而來？這種想法，源於對工作本質的誤解。**想要改變拖延的習慣，首先必須正確了解工作的本質。**

「反正一定做得完啦！」
「船到橋頭自然直！」

　　隨著工作經驗的累積，漸漸明白了一件事終究會完成的道理。哪怕是懷疑過「有辦法搞定嗎？」「真的能完成嗎？」的事，哪怕是歷經大大小小困難的事，只要等到事過境遷後，自然而然就會出現像樣的成果。然而，一旦重複累積諸如此類的經驗後，會開始變得只在乎把一件事結束就好，容易養成拖延的習慣；而這種習慣又會讓自己再次陷入「船到橋頭自然直」的自我合理化之中。

　　讓我們重新檢視一次拖延工作的過程。起初，是基於認為距離期限還有相當寬裕的時間，所以推延了日程。可是，隨著截止時間逐漸逼近，內心也變得越來越焦急。雖然試著用「船頭橋頭自然直」安慰自己，藉以紓解焦急的情緒，最後卻意識到這不過是企圖在心理上尋找合理化的

過程罷了。

如果只注重完成工作並合理化拖延習慣，原本可以徹底檢查與完成的事，也會因為不得不變得匆忙處理，導致成果的滿意度不如預期。正是因為抱持著「不管什麼時候開始做，最後一定能搞定」的心態，於是把對於品質（Quality）的考量推給了「之後再說」、「反正會搞定」的心態，實際上就是不負責任的表現——即是把工作推卸給「將來的自己」。

工作不是「船到橋頭自然直」

如果期望投資寶貴時間與心力後創造的成果能獲得肯定，首先必須正確理解工作的本質。**工作應該是「為期望目標創造適當的成果」，而不是「船到橋頭自然直」。**當專注於如何根據工作目的創造成果時，無論是拖延工作或日程的習慣都會顯著減少。如此一來，也將會帶來令人滿意的成果。

今天是否也有想要拖延的事呢？是否認為距離截止時間還有一段時間？如果是這樣的話，請再次問一問自己——

剩餘的業務量與所需時間是多少？有辦法在截止時間前完成嗎？是否因為「現在就是不想做」的心態，出現想要拖延的念頭？經由回答問題的過程，釐清自己想要拖延的真實原因。

扔掉誘惑我們拖延的種子，先試著按照計劃執行工作。只要順利戰勝那一瞬間，自然就能大幅提升獲得高完整度的果實，作為補償的機會。重新檢視一次條列的「今日待辦事項」。

正式移交給明天前，再看一看那些在無意間想交給明天的工作。究竟該何時處理這些事呢？**希望各位的答案都會是：「就是現在」。**

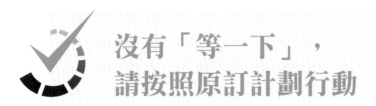

沒有「等一下」，
請按照原訂計劃行動

「現在距離報告的日子還有一段時間，明天再做也可以。」

下午兩點。一個月前輸入的「寫提案」的行事曆提醒響了。確認截止時間後，發現還有一段時間。想必當初是為了想要提前準備，才把時間抓得比較鬆。看起來似乎不必急著做，所以決定把實際開始的時間移到幾天後。

由於事先安排的日程消失了，時間上突然出現空檔。心想著自己不知道有沒有忘記什麼該做的事，於是檢查了一下行事曆，發現真的沒有需要立刻處理的工作。咦？那今天就是可以稍微休息的日子囉！享受了久違的午茶時

間，在與同事閒聊之中度過悠閒的下午。

幾天後，懊悔這個行為的情況就在眼前上演了 —— 原因在於，自以為時間充裕而拖延的當下，尚未出現的額外工作突然出現，而且還是必須立即處理的事。「我有辦法全部做完嗎？」的焦急，與「早知道那時就做一做」的悔恨，同時襲來。為了「當下」的悠閒而做出的決定，卻換來加倍的忙碌。

一開始擬定日程時，相當慎重。將距離期限的時間、檢查時間、應對變數的時間等，所有關乎成果完整度的因素通通列入考量。然而，實際到了需要執行日程時，五花八門的誘惑卻在瞬間湧現。結果竟不顧早已決定的日程，反而做出新的選擇。

「現在一定要做嗎？」
→「等一下再做也可以吧？」
→「沒關係啦，再找時間做就好。」

「先做現在該做的事」就對了

不只是工作，我們的日常生活也是如此。基本上，就是不停在「現在」與「等一下」間做選擇的循環。像是每天早上在「現在起床？」與「再睡一下？」間不停掙扎，或是當社群軟體跳出提醒通知時，也得選擇要不要馬上點開。

為未來做準備的過程也一樣。明明已經訂好運動時間、讀書時間，卻依然為了「現在沒時間啦，等一下再做」、「唉，也不是非得今天做吧？之後再做就好」等念頭推延各種事。如果想在決心被動搖的瞬間，做出一個能夠帶來正面結果的選擇，各位只需要記住一件事——

「先做現在該做的事。」

這就是按照原訂計劃執行的方法。計劃好起床後做伸展運動，那就先伸個懶腰；為了七點起床設定鬧鐘，那就在鬧鐘響的瞬間不假思索地起床。身體實在沒辦法動起來

的話，就在心裡數三秒：「一、二、三」，然後行動。

這就是能把「早知道就早點起床」的懊悔，變成「早點起床果然是對的」的魔法咒語。

當下就是行動的最佳時機

看似把工作延到之後再做也無妨的原因，在於是以「現在」作為基準。日程越推延，等一下要處理的工作就越密集，生活也會越忙碌。「等一下」，不是額外或保存起來的時間，它同樣是未來某個時間點的「現在」。

因此，所謂的「等一下」實際上根本不存在。**延到等一下再做，等於是為了當下的悠閒預借時間**。享受當下固然重要，但務必考慮隨之而來的後果。

假如是遇上更需要緊急處理的突發狀況，推延既定工作當然是唯一選擇。工作時，難免得隨著優先順序的更動

而修改日程。只是，因為「單純變心」的改變可就是一大
禁忌了。**終究該做的事，不會因為現在不做就消失。**總有
一天還是得做這些事，而且也必須重新預留處理的時間。

　　一切都是由當下這一瞬間，由現在進行式構建而成。
哪些事必須現在就做，不該拖到等一下呢？別為了讓自己
活在當下，而錯過未來的機會，先按照原訂計劃行動吧；
在無法兌現承諾的未來到來前，採取實際行動吧。行動的
最佳時機，就是現在。

依循客觀時鐘工作，
而不是主觀時鐘

在老是覺得沒有時間、時間不夠用的人身上，可以發現幾個共通點——

- 手頭上處理一件事的同時，心裡想的是另一件事。
- 想要同時解決很多件事。
- 允許即興行為，而不是按照計劃行事。
- 投入過量時間製定完美的計劃。

我們在日常生活中的體感時間，可以分為兩種時鐘：主觀時鐘與客觀時鐘。顧名思義，**主觀時鐘是依據個人經驗與直覺的時間，客觀時鐘是依據實際執行可能性的時間。**

依循主觀時鐘為主的人，除了會隨心所欲變更計劃、增加日程外，還會因為突然想到之後該做的工作而突然開始做。當下完全沒有考慮過是否與其他工作重疊、所需時間是否充足等。

相反，依循客觀時鐘為主的人則會先考量處理工作需要多少時間、如何安排優先順序後，才開始調整與執行工作。以最初計劃與製定日程時預估的工作量、所需時間、可行性評估，作為實際執行的根據。

每一個當下，只能做一件事

C 主任老是煩惱時間不夠用。為了解決時間不夠用的問題，C 主任會盡量利用空檔時間處理簡單的業務。當日程安排似乎會比預期提早結束時，他會依照時間縮短的程度，加入其他日程。

舉例來說，原本預計到下午三點的日程，提前三十分

鐘結束時，即會將其他日程加入兩點三十分的行事曆。因此，C 主任的行事曆上經常出現多個日程重疊在同一天的情況。

某天的行事曆上，寫著上午十點至十點半寄送郵件與列印文件等各種業務。下午兩點至三點製作小組會議資料，下午兩點半至三點檢討 A 企劃，兩者間出現三十分鐘的重疊。一般來說，製作會議資料需要一小時左右，但因為心想著這次應該會比平常更快結束，於是決定安排在同個時段。

有些人會像 C 主任一樣，在行事曆的同個時段安排不同時程。一方面，或許是因為起初預留了較寬裕的移動時間或空檔時間，另一方面，也可能是一下子忘了早已安排其他日程，但最有可能的是，大部分的他們都是依照自己的直覺，使用「主觀時鐘」安排行事曆。

每件事都有順序，也都有需要投入的基本時間。無論在行事曆上重複輸入多少次，終究不可能同時處理兩件事。

每一個當下的我，就是只能做一件事。

再加上，日程的重疊安排還會產生「手頭上的工作以外的事都被延遲」的心理壓力；甚至在手頭上的工作尚未完成前，重疊日程的提醒便已經響起，令人變得越來越焦躁、手忙腳亂。

讓我們來看一看前文提到的 C 主任的行事曆。上午安排的寄送郵件與列印文件，是即使調動順序也無妨的業務。不過，下午的日程可就不是如此了。根本不可能三十分鐘內同時完成製作會議資料與檢討企劃。**就算認為上一項日程會比預期來得早結束，需要做的也是重新設定日程順序，而不是讓日程重疊。**

利用「客觀時鐘」製定日程

即便沒有在同個時段輸入不同日程，工作進度亂成一團的情況也是不計其數。比起計劃好的行事曆，隨時變動

的自我內心（即主觀時鐘）大多是獲勝的一方。待辦業務越多，想要快點完成的想法越強烈，往往越容易萌生跳脫原訂計劃的念頭。接下來，讓我們看一看 P 主任的工作方式。

P 主任正在處理他認為今日待辦業務中最重要的「寫企劃案」。忽然間，又想到好像得先研究預計下午召開的行銷會議資料。心想著「忘記就死定了」的他，隨即翻開會議資料。一開始只想著快速讀過，沒想到讀到一半又想起原本手頭上正在處理的工作。「不行，我應該先趕快搞定企劃案才對。」心裡想著把每件事都做好，卻沒辦法百分百投入任何一方，結果只是不停消耗時間。

為了防止這種情況發生，**製定計劃時應該讓「待辦事項」與「時間」維持 1:1**。先考量在什麼時間（幾月、幾日、幾點、幾小時）做什麼事（一件事）後，以一次做一件事為原則制定計劃。此時的時間，須以「客觀時鐘」為準。

所謂的客觀時鐘，是在充分考量實際可執行的業務量

與時間後，預估的所需時間。當見到行事曆上設定兩小時完成的日程時，我們會因為意識到「我有兩小時可以做這件事」，進而提高專注力。當日程安排得比較鬆時，也可以在提前結束後，先一步開始執行下個日程。

有時，雖然是重要事項，但基於認為既簡單又不必花費太多時間的想法，結果只會在腦海中思考如何安排行程。當查看其他行程時，這件事又會冷不防地閃過腦海，或許也會因此干擾手頭上正在進行的工作。**如果是非做不可的事，無論所需時間再短，也請務必按照優先順序標記於行事曆。**

在做一件事的當下想著要做另一件事的念頭，以及隨著瞬間浮現的想法採取行動的行為，終將成為因掛慮著未來而降低當下專注力的罪魁禍首。主觀時鐘，即是使人錯過更加重要之事的強烈誘因。

基於「一次處理很多事」的心態製定的計劃，只會導致業務量過載，致使工作效率與完整度下降，最終演變成

延誤的局面。

再怎麼想要做得盡善盡美，也要考慮實際所需時間與優先順序。至於日程的檢查與修正，則可以在每次完成一項任務時執行。

假如在一項業務完成前，突然想起另一項業務，這其實就是專注力下降的信號。這種時候，建議可以稍作休息，像是喝杯水、在附近散散步後，再回到座位。隨後，按照計劃繼續完成工作即可。

維持計劃比製定計劃來得更重要

我們每天都要處理五花八門的事。除了公事，還有私事。每件事的性質與分量，甚至還會隨著角色轉換變得不一樣。需要處理的時機點，更是各不相同，有些是今天、明天得處理，有些則是一個月後得處理。有時突然被指派負責重要的大企劃，有時又得負責需要馬上解決的數項工

作。無論事大事小，無論是明天或後天完成，所有工作都不會按照自己期望的分量與速度出現。

需要處理的事堆積得越多，想趕快處理的想法也會越強烈，哪怕只是先解決一件事都好。既然不知道接下來又會發生什麼事，盡快處理，看起來確實是能讓自己安心的捷徑。看了看未完成的工作，心想著自己可以一口氣通通完成，於是浮現「只要把計劃排滿，心情就會輕鬆不少」的念頭。

但可以肯定的是，就算今天努力按照計劃完成所有事，接下來依然會有無數新任務等著我們去完成。

各位想要度過手忙腳亂地完成各種業務的一天，或是每分每秒都井然有序地，以固定速度逐步前進的一天呢？請記住，維持計劃比製定計劃來得更重要。從今天開始，讓我們好好看看，依循客觀時鐘一步一腳印前進的自己吧。

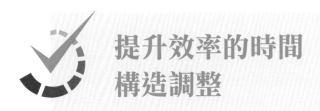

提升效率的時間
構造調整

　　C 是每次出門前需要準備一小時左右的人。某天，因為和朋友約好了一起吃早午餐，帶著愉悅心情起床的 C，一見到時鐘便大吃一驚。距離約定時間還有一小時。扣掉移動前往約定地點的二十分鐘，只剩下四十分鐘的準備時間，實在太緊湊了。

　　匆忙準備好就出門的 C，幸好趕得上準時赴約，順利與朋友度過快樂的時光。不過，耳邊卻忽然傳來一個疑問──準備外出的時間明明比平常少，卻仍能準時赴約的原因是什麼？其中究竟存在什麼差別？

　　平時的 C，是一睜開眼就要透過查看社群軟體昨晚上

傳的所有貼文，來開啟一天的人。準備外出的期間，也會邊打開平常喜歡看的 Youtube 頻道。可是，只要一想到當天絕對不能遲到，並且馬上開始準備的話，根本沒有多餘時間滑手機。於是，上述的所有過程都被省略了。即使是做同件事，關鍵的差別在於自己對眼下的工作是否百分百專注。

只是「滑一下」，時間就沒了

明明是能很快解決的事，有時卻花了好久的時間。十分鐘就能送出的 E-mail，卻在五十分鐘後才發送；一小時就能解決的報告資料研究，卻花了一整天的工作時間。這樣的時間差異看似誇張，卻是再三發生的實際情況。

大家想必都有過類似經驗。明明上網是為了搜尋資料，卻發現自己一直在重複點擊、滾滑鼠滾輪的動作；讀著大可不必馬上看的新聞報導與資訊，一回過神才驚覺已經過了整整一小時；明明是工作時間，卻以極快的速度回

覆手機跳出來的社群軟體、E-mail、訊息通知，偶爾甚至在沒有任何通知的情況下，定時查看手機；與許久未聯絡的親朋好友講電話、與碰巧經過身邊的同事突如其來享受下午茶時間。

這些看似微不足道的習慣，卻是日常一而再分散專注力與奪走時間的行徑。

認知與阻止「時間小偷」

諸如此類妨礙工作進行的各種因素，存在你我的日常生活。再加上，像是「才這樣應該沒關係啦」、「再一下」之類的喃喃自語，更是給了自己如虎添翼般的力量。即便不會立刻被察覺，但這些終將成為無限增加所需時間的因素。

最糟糕的是，這一切正在變成習慣。習慣是無意識的行為模式，它會在不知不覺中形成，並且輕而易舉地扎根。

因此，我們必須藉由有意識的控管來改變不好的習慣。

恰如樹木需要定期修剪才能長得又高又壯般，我們的日常生活同樣需要去蕪存菁。想要改掉壞習慣，首先得從認知這件事本身開始。

接著，才是尋找與執行解決方法。不過，知易行難。最困難的是，必須停止無意識養成的習慣行為，像是關閉社群軟體、按下電視的電源關閉鍵、關閉讀得津津有味的網路漫畫視窗，停止所有正在搶奪時間的行為。

如果有辦法認知與阻止「時間小偷」，接下來的步驟其實很簡單——只要直接開始做原本該做的事就好了。假如已經認知這件事，卻無法停止行為的話，在此提供一個有效的方法：**改變待辦事項清單，將當天該做的事（To do list），變成不該做的事（Not to do list）。**

列出「不做清單」，自我約束

　　T 經理必須在今天之內完成企劃案草稿。除此之外，還安排了兩場外部會議。如果做不到分秒必爭，根本不可能順利完成今天的日程。T 經理在正式開始工作前，稍微整理了一下自己的日程。

- 修改與完成企劃案結論
- 企劃報告前檢查錯字
- 撰寫外部會議的報告

　　乍看之下，似乎已經簡單明瞭地記錄好今日待辦事項。所有重要業務皆已包含其中，不必擔心遺漏任何事。相信只要按部就班，一定能在下班前完成。然而，T 經理卻到晚上十點才終於完成工作，關閉電腦。為什麼？

　　回顧這一天，才發現自己做了很多沒有出現在待辦清單的事。原本只是想讓腦袋冷靜一下，才跑去和同事喝杯午茶，沒想到卻變成煩惱諮商大會；原本為了確認資料才

打開的網站，沒想到卻看新聞報導看到忘記時間。這當然
不是只有今天才發生的事，而是 T 經理平時就有的習慣。

　　雖然 T 經理詳細整理待辦業務的清單，卻完全沒有考
慮到妨礙工作的因素。明知道自己有些習慣會妨礙工作，
但不曾想過該如何調整。如果 T 經理想要有效率地工作，
該如何修改製定待辦業務的方式呢？

該做的事 Things to do
● 修改與完成企劃案結論
● 企劃報告前檢查錯字
● 撰寫外部會議的報告

不該做的事 Things not to do
● 答應閒聊的邀請
● 查看網路新聞

　　不僅寫下「該做的事（**To do list**）」，懂得善用「不該
做的事（**Not to do list**）」也是有效管理時間的祕訣。如上
表所示，只要是自己平常習慣做但會妨礙工作的行為，都

屬於「不該做的事」。

除此之外，若有其他會拖慢工作進度的個人習慣、行為，可以透過以下方式加入「不該做的事」清單。

- 於情緒不好時秒回（訊息或 E-mail）。
- 工作期間上網（可以的話，直接關閉網路連線）。
- 在不確定的狀態下做出決定。

每當注意力不集中時，便看一看這份清單，當下就會知道該停止哪項行為。比起只在腦中思考，直接記錄下來更能約束行為。

最重要的是，不做「不該做的事」

此外，在寫下「不該做的事」清單時，需要特別留意一件事──人們往往有種心理，是在被告知不准做某件事時，反而萌生更想做的念頭。因此，比起「不做～」，在

清單上使用「做～」描述實際行動，才能有效提高行動力。

舉例來說，不要寫「工作期間不上網」，而是將「工作期間上網」列入「不該做的事」清單。

世界知名腦力教練吉姆・快克發現，百分之十的成功人士認為「不該做的事清單」（Things not to do list）比「該做的事清單」（Things to do list）更重要、更切實可行。原因在於，大家很清楚不該做的事會吸取自己的能量，以及干擾注意力。因此，我們也可以將不該做的事視作必須消除的因素。

如果說「該做的事」（Things to do）能讓人有目的性完成任務，那麼「不該做的事」（Things not to do）非但對實現目標毫無幫助，而且還會在過程中消耗能量與專注力。最好找出能夠徹底阻止這些行為的方法。

遠離手中的時間小偷：「手機」

對於現代人來說，時間的消耗大多發生在線上。總是像融入身體一部分般的手機，光是存在本身就充滿著「滑一下」的誘惑。

它迫使我們隨時進行毫無意義的查看，尤其是不時響起的推播通知，也總能在瞬間擄獲你我的思緒；換句話說，就算不查看完整內容，它也會強迫我們在通知跳出來的 0.1 秒瞄一眼。如果各位想要掌握自己意志的主導權，如果各位不想為了任何因素破防，請即刻與手機保持距離。以下是遠離手機的具體執行方法：

1 需要專注時，與手機隔離

當手機就在手邊時，往往只會讓人更想看它；尤其在休息時間，更是會沒來由地拿起來滑一下。

只要肉眼看不見，自然就可以把注意力轉移至其他
地方。藉由空間的隔離，杜絕誘惑的根源。另一個
方法是把手機放在視線範圍的 180 度之外，但若情
況不允許，不妨直接收進抽屜或包包裡。

2 不得不將手機放在身邊時，關閉不必要的應用
　 程式推播通知

　 與工作相關的通知，基本上都能經由電腦查
看。與工作無關的通知，隨時隨地跳出提醒的這件
事本身，已經足以吸引我們的目光關注。尤其像是
遊戲、購物等活動與優惠通知，更是誘人想要馬上
點開查看。請記住，只有在真正需要時使用手機，
才是有效利用資源的方式。

3 沒有需要即刻接聽的來電時，將手機調為勿擾
　 或飛航模式

　 即使調為勿擾模式，依然能夠接到緊急電話。

不過，此時也得記得關閉與篩選來自電腦的訊息通知。在通訊軟體比電話更普遍的今時今日，就算手機關機，依然可以透過電腦聯絡。千萬別讓其他管道打破一直維持的勿擾措施。

4 讓登入方式變得麻煩

這是索性取消應用程式自動登入，或是直接刪除應用程式的方法。自動連線登入，使得上網變得不費吹灰之力。假如每次登入都必須輸入帳號與密碼，或是重新安裝，麻煩的步驟自然會使人卻步。

緊繃的日程，
緊繃的人生

「請預留三十分鐘的空檔時間。」

一換到新公司擔任祕書職務，立刻收到主管提出關於日程安排的要求，希望能在日程間預留至少三十分鐘的空檔。看了看主管之前的日程表，可以發現寫滿了一個接著一個的會議，絲毫沒有喘息時間。不僅會議主題隨著時區改變，一眨眼又緊接下一個會議，也沒什麼時間在會議前研究提案內容。

有時，會議甚至還會比預期來得更久。由於緊接著就是下一個會議，所以只要其中一個會議延遲了，免不了就會耽誤接下來的所有日程。

主管緊張的日程也會對周邊的人帶來影響。在辦公室走廊上，經常能見到等著主管現身的下屬們。只要彼此間討論的時間稍微拉長，難免就會耽誤下個日程。於是，就會發生下個會議的與會者必須枯等的情況。主管緊繃的日程，讓其他人的日常也連帶變得緊繃。

緊繃的日常不僅會使時間變得緊湊，更會降低工作效率。假如老是被會議填滿了工作時間，實際上就只能在工時結束後或會議間的零碎空檔完成工作。結果導致倉促處理，錯失創造更好成果的機會。

因此，我決定先調整一下主管的日程。為了在日程間挪出新空檔，必須先了解日程的性質。縮減可以透過 E-mail 或簡單茶敘解決的會議；對於經常延遲的會議，除了在前後預留三十分鐘外，也增加會議預計的所需時間。

由於比過往預留了更多空檔時間，自然就能利用這些時間整理思緒，會議的效率也隨之提升，甚至也不再出現日程安排亂七八糟的情況。雖然單一日程的時間變長了，

卻讓工作完成得更從容，會議時間比平時更快結束的情況，也變得越來越多。

忙個不停，只是感動了自己

「明明一直在工作都沒有休息，為什麼還是忙個不停？」

H主任是只要看著排得密密麻麻的行事曆，就會自豪自己的生活過得很認真的類型。每當馬不停蹄地完成緊湊日程後，總能感覺自己度過了充實的一天。欣慰著「今天也活得很努力啊！」的同時，再次埋首填滿隔天的行事曆。

換句話說，只要行事曆出現空白或日程突然取消，H就會因此覺得焦慮。好像非得做些什麼才行、沒有先決定好該做什麼感覺，就是在浪費時間……，對於H主任來說，什麼都不做的時間是沒有意義的。

直到某天，H突然開始疑惑：「明明每天都這麼認真

工作，為什麼還是忙得團團轉？」就在準備下一項企劃並思考該如何有效率地工作時，H才終於意識到這件事——原來自己一直以來都沒有思考的時間。簡單來說，就算想激發創意取得更好的成果，也會因為被下一個日程追著跑，而沒有時間這麼做。

H主任習慣使用消除法處理每天的待辦業務。比起充分思考當下進行的工作，他更在意的是逐一畫掉待辦業務清單。原因在於，H相信，只要減少浪費時間且不遺漏任何待辦業務，就是處理工作的最佳方法。

然而，優良的品質往往需要時間的淬煉。**關鍵不在於急著按照行事曆跑，而是必須經過研究與彙整創意的時間，才有辦法百分百理解整件事**。H主任顯然錯過了思考「為什麼做這件事？」「如何做這件事？」的時間。

察覺自己的問題後，頓時覺得密密麻麻的行程表實在令人窒息。於是，H主任決定將目標設定為「空出行事曆」，取代「填滿行事曆」。在顧及待辦業務的同時，也

必須預留時間，在每項工作間保留空檔。

行程表的留白，為內心創造從容，在日程前後也多出用來思考的時間。於是，自然更容易創造或反映新的創意。

創造空檔，最大化時間價值

按照時段排滿計劃，確實可以避免浪費時間，但緊湊的日程很可能只會讓人在時間裡隨波逐流，而不是真的依循工作的流程前進。仔細想一想。起初製定計劃時，我們都會逐一寫下當時認為需要的東西。

然而，隨著業務的發展，往往就會開始出現，必須根據當時情況重新考慮的因素。假如在這種情況下仍堅持按照日程表行動，無疑只是展現出自己面對工作時的消極罷了。

忙碌的生活，確實是安撫不必要煩惱的特效藥。可是，我們也需要空間找出更好的方法與激發創意。**製定過**

度緊湊的日程，等於阻斷了經由空檔催化創意來提升工作效率——原因在於，當人沉浸在非得消化既定日程不可的思維時，往往就會變得越來越狹隘、封閉。整個腦海都塞滿了必須達成目標的念頭，根本沒有時間處理其他緊急事項，即使當下為此做出調整，也會因為計劃被破壞、拖延，而產生心理壓力。一旦類似的情況在日常生活不停重演，我們的身心都會變得超載，進而出現近來常用「職業倦怠」（Burnout）一詞形容的無力感。

埋首於某項工作時，往往會在結束的那一刻，不自覺地感到喘不過氣或長嘆一口氣。這是因為當人在專注時，會無意識保持緊張的狀態與消耗能量。因此，不斷重複的工作，造成身心一直無法放鬆。不停做某件事，看起來也許很像在認真過生活，但為了工作的永續發展，我們需要時間喘口氣。

在忙碌的日常善用時間分配獲取豐碩成果的人，反而注重**如何在行事曆上創造「空間」**。在記錄必做工作的同時，也一定會留下空檔時間——因為他們深知緊湊焦慮的

日常會削弱一個人的判斷能力。

　　研究結果也顯示，稍作休息反而能提高專注力。必須趕在時間內解決的壓力與急躁，只會造成內心的焦慮，致使判斷錯誤。**如同瞬息萬變的世界，一切都在流動著，生活也需要留白的空檔喘息與掌握趨勢的流向。**

　　各位今天的行程表是什麼樣子？我們該重視的是質，而非量。**比起在一天內處理很多事，把該做的事處理好才更重要。**只保留今天一定要完成的工作，其餘的就交給之後的待辦清單。如果發現待辦清單裡有隨時可以處理的業務，不妨善加利用空閒時間，或移至其他時間完成。

　　務必在日程間預留空檔時間。行程表的空白，不是不做任何事，而是整裝待發的時間。為自己的一天留些喘息的時間吧。

　　生活的從容不在於充實，而是來自於放空。一天的緊張程度與面對工作的心理壓力，取決於行程表的安排方式。

「選擇性投入」，
思考就不會陷入僵化

　　J決定買一部自己日常生活必需的烤吐司機。為了購入烤吐司機，首先上網查一下資料。打開網路商店後，一一檢視商品名稱、價格，以及使用者心得。另外，當然也親身前往商場的家電區看看實體商品。

　　神奇的是，自從J開始決定找一部烤吐司機後，便發現自己無論去哪裡都只看得見烤吐司機。明明是平時常去的地方，也會因為突然發現烤吐司機，而想到「原來這裡有放烤吐司機啊」。感覺就像是上網搜尋過一次關鍵字後，日後就會有各種相關內容，如雨後春筍般不停跳出廣告。當我們開始對某樣東西產生興趣，就會發現它到處都是。

你是否也曾「看到卻未看見」？

　　為什麼會出現這種情況？原因在於，注意力的改變會使人的視野產生變化。換言之，當我們專注於自己有興趣的人事物時，便會出現除此之外什麼也看不見的現象。

　　日常生活也經常發生類似的情況。假設將視線固定在位於前方一百公尺處的一棵樹。只要經過幾分鐘，周圍環境就會開始變得模糊，最後只看得見眼前這棵樹。當視線固定在螢幕上某個點或某個字時，也會在不久後出現相同情況。這是因為我們的焦點只被聚焦在自己凝視的對象。

　　工作時也是如此。一旦專注在某項主題或業務，自然就會出現沉浸狀態。如果能夠發揮高度專注力投入某件事，將有助於提升工作效率。不過，同時也伴隨著副作用—即是完全沒辦法聚焦在此之外的任何事。

「為了搞定這件事，我連週末都還給公司了。」
「我都在這個圈子工作多久啦！」

有些人誤以為只要發揮匠人精神，投資大量時間鑽研一件事就是「投入」。每次遇見這些人時，他們也只顧著聊自己全心投入的事。他們堅信唯有在該領域成為無止境鑽研的工作狂，才有辦法在有朝一日變成專家。因此，總是把重點放在自己有多麼投入、多麼竭盡所能。

對於自己的工作常保熱情與緊張，確實是好事。不過，過度投入卻也會造成思考的僵化。最糟糕的情況，還可能會導致思維的偏狹 —— 因為只持續專注於一件事，會造成視線範圍受到侷限。就像當一個人過度沉迷烤吐司機，就會發生走到哪都只看得到烤吐司機的情況。

期望取得正面的成果，需要的是「選擇性投入」。**所謂的選擇性投入，是指設定一段固定的時間，讓自己百分百投入其中，同時利用其餘的時間搜集資訊，或是靈活運用、整理自己的思緒。**無論是名聞遐邇的專家或高效工作者，大多擁有「易於投入」的共通點，但他們使用的是選擇性投入，而不只是盲目且持續地投入單一件事。

創造連結，打開創意的開關

蘋果創辦人史帝夫・賈伯斯在開發麥金塔電腦的同時，也廣泛涉獵相關技術之外的領域。像是麥金塔內建的字體，即是啟發自他大學時期旁聽的書法課學到的知識；至於 iPhone 的介面，則是應用人腦思維方式的成果。正是因為懂得搜集與彙整多樣化的資訊，並將其應用於解決問題，最終才能成為引領革新的最佳範例。

另外，也有一些企業採取類似的方式。舉例來說，將人的心理或腦神經科學原理等，應用於擬定行銷或經營策略，而非僅專注於「如何推銷產品？」同時，亦透過觀察日常生活中的群眾樣貌、各種現象，從中汲取靈感與產品特色連結，並將來自其他領域的資訊脈絡化，藉以解決面臨的問題。這也是某些廣告或行銷文宣的創作，有辦法引起大眾共鳴的祕訣。

只要看看身邊那些高效工作者，不難發現工作表現出色的他們，都是採取上述方式執行業務。這些人尤其懂得

如何從不同視角提出創新、驚豔的點子，藉此創造創意十足的成果。善用累積的經驗與知識，即可將其結合後應用於工作上面對的所有課題。

一般來說，採取這種方式工作的人，大多會將時間用於工作外的其他活動。從事與工作無關的興趣、聚會，結識來自不同領域的人。因為他們十分清楚，只知道埋首於工作的工作狂，不一定有辦法取得真正理想的成果。

他們經由工作以外的活動觀察世界運作的趨勢，搜集來自四面八方的資訊。透過他人的經驗形成獨到的見解，並且注重任何能獲取新資訊、知識的機會與談話。認知需要解決的課題，但不是只顧埋首於此，而是隨時洞察周圍環境，藉以吸收養分。將獲得的資訊用作提升成果品質與強化專業度的調味料。

即便是在同個領域活躍數十年的專家，也會時常警惕自己的思維是否被侷限於專業領域。

因此，我們也經常能在電視節目見到，來自不同領域的專家聚在一起，談論多樣化的議題。他們會針對主題分享自己的專業知識與發表見解，但不會強加個人主張在他人身上，同時也對於接收不同領域的資訊抱持開放態度。此外，專家也會特別強調，我們都處於必須重視，如何將其他領域的知識與自己專業領域連結的時代。

退一步，視野就會不一樣

世間萬物都是遵循相同原理運轉。期望收穫什麼樣的成果，取決於如何運用各自擁有的養分。關鍵在於，如何將搜集得來的資訊脈絡化，以及將其與自我專業領域連結。任何人只要有興趣都能取得資訊，但能否將資訊轉化成為有用的資料，則在於個人的本事。想解決問題，首先得**從平常的視角退一步，嘗試從不同的角度看它**。

我們都在無意識間形成了一個框架，從此只看得見自己有興趣的東西。假如各位重複犯相同的錯，或是始終找

不到解決問題的頭緒，不妨試著選擇性投入。老是無法發想新創意或在工作上取得新進展，或許就是過度投入造成的思考僵化。

不妨，退一步，然後望一望框架之外。

遼闊的視野有助於發現更多樣化的處理方式，並減少尋找解決方法需要的時間。只要內心銘記待解決的課題，那麼即使將目光投向其他地方，勢必也能逐漸釐清真正需要的東西。

當思緒紊亂時，不妨花點時間獨自散散步。如果想要放空腦袋，不妨從座位起身做做伸展運動，或是離開原本所在的空間，到外面晃一晃。實在沒辦法離開座位的話，就關閉上網時常看的主題，並試著開啟新領域。或許就會在意想不到之處，找到適合釐清當前問題的線索。

CHAPTER 4

實踐「快十天日曆」，
成就更好的自己

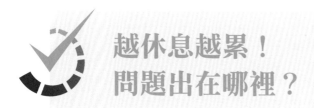

越休息越累！
問題出在哪裡？

「認真工作的你，值得來趟旅行！」[2]

人總有種想在休息日給自己特別補償的心理。實際上，有些人會選擇在週間拚命工作，然後在週末安排私人約會或嗜好活動、旅行計劃，非得去趟哪裡才行。可是，實際回來之後呢？原本以為可以好好休息，但等到假期過後，反而變得比平常更疲憊。**明明沒有工作，而是在休息，為什麼依然覺得好累？這是有原因的─因為沒有好好輸入（input）。**

人類的日常生活反覆經歷著消耗能量與充電重啟。不

2　譯註：出自韓國現代信用卡的廣告文案。

只是工作，像是從事運動、戶外活動、朋友聚會、閱讀、上網等各種活動，都屬於能量的**輸出**（output）；至於睡眠時間、休息時間，則屬於能量的**輸入**（input）。

當自認為休息時間充足，並且度過了美好的閒暇時間，卻仍感到疲憊時，不妨思考一下自己是否沒有好好進行輸入，或是錯將輸出視為輸入，導致錯過真正的輸入。

什麼是真正的休息？

我們都體驗過去了趟熱鬧的地方回來後，忽然有種筋疲力竭的感覺。原因在於，就算只是靜靜待著，我們的身心也不停在與周圍環境互動。儘管肉眼看不見，實際上卻在持續消耗能量。與人見面、交談的情況也是如此。雖然相聚的歡樂能暫時紓解壓力，但能量也會在專心傾聽對方說話、與人對話的期間被消耗。與朋友閒聊雖是不少人的紓壓方式，但我們有必要重新思考一下，這麼做究竟是不是真正的休息。

既然如此，運動又是如何呢？重訓雖是訓練體魄的必要活動，但肌肉在運動後需要休息與修復時間，因此專家建議一星期進行兩至三次，會比天天做來得更好。肌肉也需要休息才能變得更加強壯。

　　除了只顧工作的工作狂生活外，持續從事各種無關工作的活動也屬於不停輸出。尤其是在身心狀態需要休息時，誤以為自己正在休息，結果卻消耗更多能量。充分休息是健康日常不可或缺的一環。不過，這裡說的休息，並不等於延長輸出時間，而是有辦法讓我們的身心與大腦都好好休息的時間。

放空、發呆，比你想的更重要

　　所謂真正的輸入時間，指的是為自己注入當下需要的能量。針對自己的身心狀態誠實提問與回答後，為自己投入時間，填補被消耗殆盡的能量。為日常生活中按下暫停鍵，並且百分百專注在自己身上時，才是真正休息的開始。

只要看看沉著面對工作且表現亮眼的人，不難發現他們的生活總是充滿了活力。成功企業家也是如此，時常以精力充沛的模樣示人。大家會將這種人視為充滿「熱情」。然而，單靠熱情並不能維持日常所需的活力，而是得像不斷添新柴火才有辦法燃燒起熊熊烈火一樣，人也需要充電時間，才能維持能量與活力。

經營 IT 產業的 S 執行長，每週三晚上都會特地空出時間休息。即使不是工作行程，也一定會在行事曆上標記「休息」。假如見到行事曆上空著，不僅本人會下意識認為那個時段可以使用，其他查看執行長日程表的職員，也會提出公事請求。S 會在預留的「休息」行程散步、思考，度過獨處時光。

事業版圖不斷擴張的 H 老闆，從不安排晚餐行程。對他來說，下班後的時間只能留給家人或自己。因為他需要好好休息，才能填滿白天耗盡的能量。因此，基於業務所需的餐敘會盡量安排在午餐時間，若是不得不佔用晚餐時間的話，一週也不會超過兩次。

無論是事業有成的 CEO 或工作能力備受肯定的人，大多相當重視休息時間，並且會為了徹底執行這件事而努力。這一切，都是為了身心健康著想。健康是一切的基本動力。唯有徹底管理好健康，才能實現自己期望達成的事。

　　隨時充滿活力的 A，每天都會規律地實踐幾項獨有的習慣 —— 每晚睡前利用寫日記整理自己如何度過一天。此外，也盡可能將週末的約會安排在週六，好讓週日可以完全空下來。A 大多會在住家附近散步，度過獨處的週末。即使是常走的路，也總會發現平時沒見過的東西，並透過思維的轉變，領悟全新的見解。

　　週末時，藉由從事與週間常做的活動完全相反的事充電。假如已經度過身心俱疲的一週，週末盡可能好好休息，別再外出活動。特別是週間已經做了很多耗體力的活動時，週末便盡量待在室內，而非室外，降低活動量，藉以減輕身體的負擔。

　　當度過耗腦力的一週時，不妨做些像是放空，或是靜

靜專注於身體活動的事。根據研究結果顯示，**其實大家常說的「發呆」，不僅能讓大腦休息，同時還能提升大腦的執行能力**。有時，在發呆一段時間後，平時解決不了的問題會突然找到線索、浮現新點子。

該 off 就 off，工作才有意義

休息時間或方法因人而異。不是只有週末或假日可以休息，即使在工作期間也能輕鬆進行。例如：午休時間靠著椅子睡個午覺。研究指出，在工作期間午睡二十分鐘能有效提升工作效率。

冥想，也是一種可以隨時隨地充電的好方法。只要閉上雙眼，正視腦中浮現的念頭、專注於呼吸並保持靜止，便能暫時擺脫平時緊張的思考模式。工作中的休息可以轉換心情與補充能量，促使輸入與輸入順利進行。

夜晚的睡眠時間相當重要。大家都知道，睡眠的質與

量會直接影響一個人隔天的狀態。睡得不好的日子，隔天一整天都會覺得很疲倦，但只要好好睡一覺，身體又會變得輕盈，精神也會變得飽滿。原因在於，人的大腦會在睡眠時間得到充分休息。只要睡得好，不僅思緒會變得清晰，整個人也會充滿能量。

話雖如此，卻也不建議睡眠時間過長。因為睡得越久，越讓人想要一直躺著，稍有不慎就會變得無精打采。儘管成年人標準的適當睡眠時間為七至八小時，但這並不適用於所有人。最好的方法是尋找適合自己的生理時鐘，觀察一下睡幾個小時能感覺體力恢復得最好。

基本上，必須有輸入才有輸出。工作馬馬虎虎，休息也馬馬虎虎，只會讓工作與休息都變得毫無意義。**明確區分工作與休息的開關（on & off），才有辦法在工作時好好工作，休息時好好休息。**

善用週末補滿，無法透過平日的輸入與輸出順利填補的能量。消耗多少，便補充多少。此時，唯有高品質的輸

入，才能達到預期的效果－因為充電量會根據如何度過休息時間而有所不同。

為求高品質的輸出，**每天至少花一小時或每週花一天獨處，藉以重新調整能量**。保持身心健康，是每個人追求實踐重要價值的基礎。因此，請將輸入時間記錄在行事曆上。

如果不清楚該如何休息，不妨試著從冥想開始。將雙手合十放在胸前，並閉上眼睛，覺察呼吸。靜靜專注於呼吸的那一刻，就是大腦休息的開始。

養成暫時擺脫工作、做些與工作無關的活動或放空來充電的「輸入」，將會創造更加健康的「輸出」。

壓力有多大，
身體都知道

「明明沒有任何異常，但到底哪裡出問題了？」

H 的體重在一個月間急劇下降超過八公斤。除了沒來由的疲倦狀態持續，甚至還出現掉髮的情況。儘管接受了來自周圍的建議，前往醫院檢查，結果卻沒有任何異常。不過，醫師倒是提出了一項建議——「你該休息了」。醫師表示，不是一、兩天的那種休息，而是必須暫停工作至少一個月，然後好好休息。雖然 H 告訴醫師「這個方法好像行不通，我沒辦法馬上離職」，內心卻相當憂慮。

戰戰兢兢地與主管面談後，H 決定請一個月病假。然而，說是休息卻不是真的在休息。公事依然在腦海中盤旋，完全停不下來。對於自己是否會因離開崗位而出現空白期，

內心滿是擔憂。於是，不到一個月的時間，H 還是選擇在
請假三週後便提早復職。

雖然休息幾週感覺稍微好些，但信號很快又出現了。
三個月後，H 再次去了趟醫院，而且這次必須住院；甚至
因為開始出現姿勢性頭痛的症狀，只能乖乖躺著不能動。

不要輕忽無聲的警訊

H 臥病在床後，唯一能做的只有思考。腦海中閃過從
以前到現在的生活點滴。為了累積職涯歷練，自己比任何
人都要拚命。不只如此，甚至連一天也不曾間斷運動，只
為讓自己的體力保持在巔峰狀態。為了紓解工作帶來的壓
力，也會經常與朋友聚會，認真度過閒暇時光。結果，卻
等於沒有給過身心好好休息的機會。

除了體重驟降、掉髮外，身體也曾經捎來像是視力退
化、頭痛、耳鳴、起疹子、腹瀉、胃炎等各式各樣的信號。

161

問題在於，H 從來沒有正視過，每次都認為只要吃幾天藥就會痊癒。

一有空便把時間留給朋友的 H，根本沒有時間好好照顧自己的心理狀態。生活越難捱，越是強迫自己運動，藉以強化體能；一獨處就只會想東想西，所以非得把週末的行程通通填滿。

因為責任感強，所以在職場上也很努力工作，但焦慮的感覺卻沒有因此消失。像是沒能休滿一個月病假就提早復職的原因，也是因為由自己親手處理工作，會比交代給其他人來得更安心。

這樣的生活模式，讓自己在不知不覺間累積壓力，最終甚至直接經由身體反應出來。H 似乎徹底誤會了「健康管理」的意思。

停一下，才能走得更久遠

　　工作一段時間後，總有些日子感覺和平常不太一樣。可能是突然睏到不行，也可能是疲憊感持續了好幾天。當一個人的心裡覺得有負擔或情緒波動時，自然就會直覺自己與平時不同，也會忽然浮現「想休息」的念頭。其實，這些反應都是大腦發出的信號——現在需要稍微休息一下了。

　　「今天好像該休息一下。」
　　「心裡覺得怪怪的，出去外面散個步好了。」

　　易於感知大腦信號的人，會像這樣自我意識，並調整狀態。比平時疲倦時，提早上床睡覺；心裡覺得不舒服的日子，取消約定並好好花時間與自己獨處。儘管方式因人而異，但就花心思與時間修復身心狀態這點來說是一致的。

　　這種人屬於平常也會努力維持規律生活的類型。尤其會在面對重要行程的前夕，投入更多心力調整狀態。因為

他們十分清楚，身心平衡能有效提升工作效率與生活品質。

相反，有些人卻無法感知大腦信號。很多時候是即使察覺大腦發出的信號，也選擇忽視。這種人往往因為過度的責任感，而錯失必須休息的時機，非得將自己燃燒殆盡至最後一刻。無論再怎麼疲憊，也只會在週末稍作休息；一心想著「再找時間補眠就好」，非得硬撐著完成既定行程。

人一旦面對充滿壓力的境況，就會為了壓抑轉而從事其他活動。多數人會選擇運動或與朋友聚會，來紓解壓力。當下的確感覺很紓壓，但其實這些活動都不是修復身心的根本方法。適度運動確實有助於壓力管理，但過度的運動反而有害，甚至妨礙休息。

對壓力過於敏感固然不必要，但當身心俱疲時，一定要找到適合自己的方法，以健康的方式紓壓。

壓力爆表的信號，你中了幾個？

　　無法解讀身體發出的信號，往往是因為只顧著關注外在事務，而過度推卸照顧自己身心的責任。自己的身心狀態，必須由自己親自管理才行。

　　透過以下測量表評估是否與自身情況相符：

☐ 靜靜待著什麼也不做的話，就會覺得焦慮。

☐ 比以前更容易覺得疲倦。

☐ 起床時感覺身體沉重，不容易醒過來。

☐ 思緒不停在腦海中盤旋。

☐ 劇烈頭痛（或是經常頭痛）。

☐ 出現消化不良的感覺。

☐ 經常嘴破、舌破。

☐ 覺得與人相處很煩、很累。

☐ 經常處於急躁、緊張、焦慮的狀態。

☐ 經常想吃澱粉製品或甜食。

☐ 重複犯相同錯誤。

是否符合超過一項呢？假如這樣還不願意休息，即是錯過了身體發出的信號。

除了上述項目外，我們的身心也會經由各種症狀、情緒變化等不同方式發出信號。覺察無意識出現的信號，並為自己開立適合的處方箋。不斷奔馳的火車，終有一天必須因為燃料用盡停下來。**稍作休息再出發也沒關係**。在休息時補充燃料與重新調整狀態，都是為了要走更長遠的路。

光是能覺察就已經足夠了。藉此，可以獲得自主調整的力量。萬一已經感知身體發出的信號，卻不知道該如何是好，不妨先試著調整呼吸。只要一次呼吸，都能幫助我們找回放鬆的感覺。接著，喝杯溫水，然後重新檢視自己當下所處的境況。

暫時離開所在空間，或是闔上雙眼。焦慮時，試著寫下自己對什麼感到焦慮。越是仔細傾聽內在的聲音，越能看清楚接下來該怎麼做。即便需要調整一下工作也沒關係。畢竟，覺察身心發出的信號後，好好照顧自己的身心才是

當務之急。

　　唯有自己，才有辦法保護好自己的身心。試著解讀此刻來自身體發出的信號。實在不清楚從何做起的話，不妨用倒數計時器設定五分鐘，並且把書闔上。閉上雙眼，傾聽你的心。答案，早已存在你的內心。

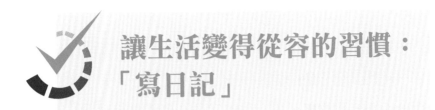

讓生活變得從容的習慣：「寫日記」

　　就算是現在不寫日記的人，想必小時候也都有過寫日記的經驗。有些人會搭配圖畫記錄當天印象最深刻的事，有些人則是趕在開學前一刻才開始邊抱怨邊補寫。不如重新拿出當時寫的日記吧？點點滴滴的回憶開始被拼湊出來。

　　有時，日記中那一天的畫面會在腦海中栩栩如生地浮現。「對耶！我有發生過這件事⋯⋯」，原本沉睡的記憶剎時甦醒，彷彿搭上時光機穿越時空，回到過去。像這樣遇見過去的自己，代表著什麼意義？

寫日記，原來有這麼多好處

　　所謂日記，是由現在的我記錄自己過去的故事。哪怕是今天發生的故事，也會在被寫下的瞬間成為過去。有時按照時序記錄做了些什麼，有時記錄特定事件或情緒，但無論寫下哪些內容，日記都收藏了自己沿途走來的足跡；而且還是只有從自己第一人稱視角才看得見的經歷。

　　人總有突然感覺自尊感低落、無力的時候。這種時候，難免會疑惑「為什麼我的意志力這麼薄弱？」甚至為此感到自責。**持續寫日記，能讓我們在這種時候重新回顧，自己是如何一步一腳印走到今天，成為現在的自己。**關於自己做得好的部分、遭遇困難的時刻、拚命努力的模樣，通通被寫成了文字，成長的歷程一覽無遺。只要讀一讀日記，不難發現當時也曾有過煩惱。但想到自己儘管如此也依然撐過來了，便能重拾恢復自尊感的力量。

　　另一方面，日記也是記錄自己內心世界的祕密筆記。藉由檢視自己在哪些情況會出現哪些情緒，得知自己的情

緒模式。當人意識到自己是如何根據情況流露不同情緒後，自然就能改變潛伏在無意識裡的情緒變化，減少衝動行事造成的懊悔。透過儲存在日記裡的過去的自己，看清現在的自己，從而掌握情緒的主導權。

寫日記能讓人經由一頁頁累積的故事，明白自己是如何看待這個世界，以及情緒的變化歷程；甚至在生活日復一日的循環裡，發現因沒有及時解決而被遺留下來的課題。

日記能為我們釐清方向，告訴我們現在的自己需要的是什麼、需要專注在哪些事。有時，還能在寫日記的過程中，浮現一個接著一個的創意。

光是寫下來，就能成為力量

寫日記也是成功人士們的習慣之一。在工作表現受人肯定的同時，亦持續努力追求成長的人，大多有寫日記的習慣。他們將日記視為個人的成長紀錄，不僅記錄豐碩的

成果，也會整理出自己不足之處。

　　儘管當下無法得到解答，但「寫下來」的這個行為本身，即是一個喘息的契機。藉由日記保存的思緒片段，認識自己真正的內心世界。既然如此，何時才是寫日記的最佳時機呢？

　　早上寫的日記，決定了一天的狀態；晚上寫的日記，則讓人可以花點時間整理能量與積累一整天的情緒。實際情況可能會因人而異。不過，當然也可以早晚都寫。無論什麼時候寫都好，**重點在於藉此回顧一天的生活，以及花時間專注在自己身上。為自己在早上或晚上留五分鐘坐在書桌前吧。**

　　有些人對於長大成人後該在日記寫什麼內容感到疑惑。如果是早上寫日記，可以試著想像自己將如何度過這一天，並將內容整理成文字；同時也想像一下今天的計劃進展順利時，能獲得哪些成果與當下的感受，然後將它們寫下來。只要像這樣在早上寫日記，也有助於為一天充飽

正能量。

在晚上寫日記時，可以依照順序寫下當天發生的事，作為一天的結束；如果能寫下當時的情緒，或是透過日記記錄靈光一閃的想法更好。

反正日記不會給任何人看，所以最重要的是，務必坦白自己真實的想法。假如還是不清楚該寫些什麼，不妨就把當下的狀態寫下來，然後加上一些自己的期望。

「開始寫日記的第一天。暫時還不太知道該寫些什麼，希望明天能記錄更多內容……」。

為人生預留從容空間

比起把內容寫得很冗長，其實記錄當下的想法與情緒才更重要。在生活中發生的故事，通常都是能幫助我們理解，自己在哪些時候會出現哪些情緒、想法的線索。

　　「今天心情如何？」「當時發生什麼事？」寫下此刻
想到的一切。寫得雜亂無章也無所謂。拿起手邊的筆記本
與筆，開始寫吧；也可以使用手機上的備忘錄。這就是「日
記」。

　　如果說為了時間管理而寫下的「待辦清單」，能為今
日預留從容的空間，只有自己能看的今日紀錄「日記」，
則是為人生預留從容的空間。

　　寫給自己的「我的故事」，也就是每天寫下來的日記，
終有一日會成為指點人生往後方向的，我的獨家人生參考
書。今日的紀錄，將為你的未來送上「從容」這份禮物。

　　寫日記吧，就從寫下讀完這篇文章的心得開始。

與空間建立連結的
寶貴獨處時光

有些人只要看一看他們的桌面，就能略知他們最近正在忙哪些業務。除了正在研究的資料外，甚至連今天喝過的飲料都一覽無遺。P即是其中之一。

P平時會將與業務相關的資料全部攤在辦公桌上，為的就是非得通通放在視線範圍內，才不會忘記。因此，桌面永遠都被滿滿的資料佔據。有次他一站起來，堆積如山的資料便瞬間崩塌，裝著飲料的杯子也跟著打翻，搞得整張桌子亂成一團。

某天，P對於自己手腕上出現了一幅意義不明的圖畫感到十分驚訝。凶手是他辦公桌上滾來滾去的原子筆。當

下想過趕快擦乾淨，但有場會議必須立刻到場，一心想著先用袖子隨便遮一下就好的 P，便趕快起身，卻不知道為什麼就是找不到事先拿出來準備的會議資料。雖然重新列印一份是最快的方法，但因為太緊急了，翻遍電腦桌面也想不起資料當初是被存在哪裡，P 整個人急得像熱鍋上的螞蟻。

好不容易終於找到資料，卻在匆忙打開會議室門的瞬間，才驚覺偏偏遇上當天會議必須等到全員到齊才能開始討論的主題，所以全部人都在等他一個。對同事們感到既抱歉又愧疚的 P，實在抬不起頭面對大家。一下子忙著遮掩髒兮兮的手腕，一下子準備到最後一秒還搞不定的資料，看著連踏進會議室都手忙腳亂的自己，P 覺得很丟臉。於是，P 向坐在隔壁的 L 吐露了自己的煩惱。

P：為什麼我每次都把自己搞得一團亂？

L：嗯⋯⋯會不會是因為你的桌面有太多讓人分心的東西了？

似乎早已看透什麼的 L，一派輕鬆地露出笑容，暗示 P 是時候整理一下桌子了。

視線範圍內，只留當下需要的

L 的桌面總是保持整潔。工作時，他只會拿出筆記本與筆，盡可能利用電腦解決所有事；下班時，基本上都會把桌面整理得像剛買的新桌子一樣。儘管偶爾會因此被懷疑「真的有在認真工作嗎？」但他往往都能靠著又快又準的工作效率，釐清不實的誤會。

L 一直努力保持空間的整潔，是因為他認為只要一有東西出現在視線範圍內，注意力就會馬上被分散。上、下班時，開始與結束工作的步驟也很簡單。只要稍微擦拭一下累積了整晚的灰塵後，按下電腦開關，即可開始工作。下班時，只要關閉電腦電源，工作便宣告結束。由於所有物品都在使用後物歸原處，依照用途分門別類，隨時需要都能立刻找到。

電腦裡也有一套新增資料夾與檔案的規則，以及保存紙本文件與資料的方式，就算面對突如其來的要求事項，也能輕鬆、迅速地應對。托 L 的福，一起工作的同事，處理業務的速度也變得越來越快。

L 的祕訣沒什麼特別之處，只有堅持一個原則 —— **物歸原處**。

萬事萬物都是由能量連結而成。即便不是有生命的生物，但所有東西的存在本身，都會使其能量與我們連結。其中，又以肉眼可見的東西帶來的影響最直接。由於懸而未決而堆積成山的文件與物品，逐漸奪走百分百專注於當下工作的時間。

桌上的手機、處理中的文件、早就喝完的飲料杯等，看似沒什麼，但這些東西存在視線範圍內本身，就已經改變了注意力的動線－因為它們不停發出信號：「我是你遲早得處理的事喔，還記得我吧？」

無論這個對象是什麼，只要它一進入視線範圍，我們就會感知到「好像有事還沒做」的信號。因此，如果有事需要特別記住的話，通常也會被貼在顯眼處。不過，這也同時意味著我們常為了不必馬上處理的事物分心。

　　井然有序的桌面，讓人能在上班後立刻開始工作，並且避免在工作期間分心。一旦擺放在周圍的東西越亂、越多，思緒就會變得越雜、越分散。深諳這個道理的 L，建議 P 先試著整理好自身所處的環境，像是視線範圍內只放需要專注處理的東西，並排除任何造成干擾的因素。

　　接受忠告的 P 下定決心開始整理桌面。只是，隔沒幾天又恢復原狀。問題出在習慣嗎？不，是因為沒有建立好整理的系統。

空間填越滿，心思越紊亂

　　只要去趟成功企業家的家中看一看，基本上都維持在

相當整潔的狀態，不會有任何東西散落一地或隨便擺放。冰箱裡的每一層都被整理得井井有條，一眼就能看清存放了哪些食物；衣櫃也會按照季節分類；至於餐具，則是按照尺寸與用途擺放。即使是久久使用一次的物品，也會依循標準整理與擺放，以便隨時取用。

工作空間也是如此。所有東西都被歸放在原處，使用的東西也幾乎不會改變。C 老闆只用 O 公司的黃色記事本，以及 S 公司的附橡皮擦鉛筆；至於原子筆，則是只用 B 公司的 0.5mm 紅、藍、黑三種顏色。另一間公司的 A 老闆，有枝隨身攜帶的鋼筆；即便在筆尖磨損後，也會重新購買同款產品。為的就是不想浪費時間在找東西上，只想全神貫注於更重要的事。

整理與收納，是可以在高效工作者身上找到的共通習慣之一。

他們不會將當下不需要的資料、文具以外的東西，通通擺出來。假如有什麼需要記住的事，也會直接記錄在待

辦清單或行事曆。設定好時間提醒後，在處理該事項的時間到來前，只會專注於當下的工作。**當所處空間僅有當下真正需要的事物，實際上就是為保持專注鋪平了道路。**

除了工作的專注力外，整理周圍環境也是提升生活品質的首要之務。現在，讓我們看一看自己的四周。眼前是否有沒洗的杯子、早就使用完畢並且該直接進垃圾桶的東西、遲早得清理的東西？是否有每次見到就該處理，卻老是沒處理的東西？這些都是會分散注意力的東西，甚至也會因為拖延而增加愧疚感。請記住，無論身在何處，填滿當下所處空間的東西，都在不停散發無形的能量。

請檢查一下眼前是否存在以下的物品。

- 電腦桌面充滿不知道何時儲存的檔案。
- 必須打開才知道是什麼的資料夾。
- 嘴饞時吃完的零食包裝。
- 散落在家裡各處的書。
- 散落在桌面的各種筆。

- 喝完飲品的紙杯。
- 準備研究的資料。

假如發現上述任何一項，代表是時候整理了。如果有任何找不到原處的物品、文件，也從現在開始動手整理吧 —— 這麼做是為了整理好能量的動線，以便提高專注力與效率。

三原則，建立整理系統

整理收納的最重要原則，即是「隨時備妥容身之處」。為了使空間發揮效率，所有東西都該擁有屬於自己的位置。這是我們與它們之間默許的承諾。請按照用途、使用頻率、性質分類；亦可善用標籤，好讓日後比較容易找到。

這麼做不只是為了把物品整理得漂漂亮亮，也不是為了眼不見為淨。**整理的關鍵在於使人能根據目的做出對應的行為，意即「建立系統」**。

181

試著以空間與物品的用途、使用者的動線作為考量，設定一套整理標準。設定好整理、保存物品的方式與位置的規則，然後實際執行。依照標準整理好的物品，會被擺放在適當的位置。

接下來，只要遵循三個原則進行整理即可。

第一：只拿出現在需要使用的物品。

第二：使用後物歸原處。

第三：定期檢查。

把之後才要使用的物品、文件先拿出來放著，其實是在佔用當下需要的空間。在日常生活中，新物品的增加是再自然不過的事，而那些常用的東西，也就這樣開始一件、兩件被擺在架子上。

使用頻率越高，越會被放在方便隨手取得之處。於是，原本整理得井井有條的空間，又開始堆得亂七八糟；一旦看起來雜亂，就是該好好整理的時候了。這種時候若是沒

有事先訂好規則，轉眼間又得重新整理一次。

假如只是隨便收在一個桶子、抽屜，雖然當下看起來整理得很乾淨，但之後想從中找出需要的物品時，免不了要浪費時間一件件重新翻開、尋找。

只拿出當下需要使用的物品，並將常用的物品分門別類，放在隨手可以取得的位置。標準越明確，越能減少混淆不同種類或弄丟的可能性。將使用過的物品物歸原處，等到需要時再重新拿出來。該丟的馬上丟掉，並且隨時檢查與整理新增的物品。

沒什麼比在一堆包含不必要東西在內的「小山」裡找出所需物品，來得更消耗能量的事了。

東西亂放，只是徒增遲早得整理的心理負擔與時間罷了。越是整理收納與斷捨離，就能擁有越多空間，心情也就越輕鬆。如此一來，便能將寶貴的時間用在真正需要的地方。

照著做就對的「整理標準」

依照標準分門別類，就是整理的最基本原則。建議根據「六何原則」設定標準，以便持續維持。此外，亦可採取按照物品種類、生活習慣歸類的方式。

1 **何事**：將需要整理的物品、文件分門別類。

2 **何時**：使用後立刻整理是基本原則，但也要設定定期檢查的週期。

3 **何地**：依照物品種類，設定適合的位置。（性質類似時，可以放在相同空間或鄰近位置）

4 **如何**：確立能逐一分類的標記方法。

5 **何人**：指定主要負責人。（若是公共空間，可以指定負責人分擔整理時間）

6 **為何**：確立需要整理的原因，隨時提醒自己這件事的重要性。

　　這套標準可以根據情況增減或變更，但一定要遵循隨時維持的原則。

整理標準設定範例 -1	
何事	文件
何時	● 每次新增與編輯時，立即儲存至相關資料夾。 ● 每週下載一次，並檢查與整理桌面的資料夾。
何地	● 電子文件：儲存在電腦裡的資料夾。 ● 紙本文件：使用孔夾或透明資料夾保管。
如何	● 標記文件內容與進度（撰寫中、撰寫完成、待研究、研究中、研究完成），以便掌握。 ● 以檔案名稱＋更新日期＋進度（或作者）分類整理。 ● 根據使用頻率、重要程度排定優先順序，並在檔案名稱前使用數字或英文（ABC）排序
何人	作者
為何	● 方便於確認文件內容前，了解進度。 ● 系統化管理，盡量加快搜尋速度。

整理標準設定範例 -2	
何事	冰箱
何時	● 每次使用時，確認有效期限。 ● 每週進行一次全面檢查。

如何	● 標記有效期限與開封日期。 ● 使用後，按照剩餘分量更換保存容器。
何人	使用者
為何	● 盡量減少廚餘與重複購買的情況。 ● 攝取健康食物。

整理標準設定範例 -3	
何事	書櫃
何時	● 買書後。 ● 閱讀後（即使沒讀完，也先放回原位）。
何地	● 將書櫃置於書房或靠近書桌處。
如何	● 讀完後，依照領域分類。 ● 依照書名（或出版社名）排序。 ● 依照閱讀進度置於書櫃上適當的位置。
何人	閱讀者
為何	● 方便找到想讀的書。 ● 區分必讀的書與正在讀的書。

數位遊牧民族，
只要有一部手機就足夠

「啊！這天本來就有行程，但我忘記了，結果又重複安排。」

P主任經常發生明明有把日程寫下來，卻完全不記得這回事，有時甚至會因為日程重複而搞得手忙腳亂。平時已經會將日程仔細記錄在手帳、行事曆上，以利時間管理，實在很納悶自己為什麼仍然老是發生這種事。

那天，剛好輪到與企劃組組長開會。整理好討論事項後，雙方為了安排下次會議時間，在確認彼此可行的時間。P主任打開手帳，翻來翻去想找到H組長提議的時間。等到P主任在手帳上寫好下次會議時間後，一抬頭才發現H組長正在等待自己；這是在H組長利用手機的行事曆程式

儲存日程，並且設定好提醒後。H 組長一直在等著與 P 主任打聲招呼再離開。P 主任闔上手帳後，才終於向對方說了聲：「那下次會議再見」。

手帳 vs. 行事曆程式，哪個更好？

P 主任回到座位後，認真思索了自己的問題何在。雖然他會使用手帳與手機行事曆程式管理日程，但兩者並沒有同步。不是手機行事曆沒有手帳記錄的日程，就是沒有把手機行事曆的日程寫進手帳。再加上，當時明明只要在與 H 組長確認好時間後，馬上把日程輸入行事曆就好，卻把對方晾在一旁等自己寫好手帳，實在覺得有些失禮與歉疚。

一般來說，時間管理可以大致分為使用兩種工具——像手機內建的行事曆一樣，只要輸入 E-mail 帳號就能同時在各種裝置上使用的線上型，以及寫在像手帳等處的線下型。每個人可以按照自己的喜好選擇與使用，或是有些人

也會像 P 主任一樣，同時使用兩種。無論使用哪種工具，記錄與管理日程的習慣皆有助於提升工作效率。不過，既然考量到效率的重要性，那就該好好思考如何善用適合的工具。

早在手機普及使用前，成功企業家便已是手不離手機。K 老闆不僅外部行程較多，且每個月需要到國外出差兩、三次以上，因此他會在手機裡設定公司的 E-mail 帳號與行事曆同步進行。如此一來，無論他身在何方都可以收發 E-mail，以及直接安排日程。

即使是在移動途中，也能隨時確認與修改日程，並且透過設定十分鐘前提醒的功能，預留事先準備的時間。K 老闆不再隨身攜帶需要拿出來翻頁確認與記錄的手帳、活頁孔夾，而是選擇使用能夠一手掌握的手機，即刻查看與輸入的高效率方式。

祕書室可以透過同步處理 Outlook 行事曆，查看老闆更改的行程。雖然現在就算不特地按下「同步」鈕，也會

主動連結至各個裝置，並同時更新變更事項，但在短短的
十年前，資訊更新仍只能按照系統預設的同步週期。

事前管理＋執行，比記錄更重要

效率，是時間管理的主要目的。懂得善用時間管理工
具的人，不僅會記錄日程，更會把重點聚焦於必須在正確
時機執行。盡量減少消耗不必要的時間，避免發生日程遺
漏或重複的情況。為此，選擇時間管理工具時，必須列入
考量的功能如下：

● 是否能隨身攜帶？

● 是否能立刻記錄？

● 是否具備「事前提醒」功能？

隨時都在變化的日程，必須適用於現在進行式，所以
需要能隨身攜帶與立刻記錄才行。避免花費更多時間拿出
工具，然後翻來翻去、書寫、查看。有辦法同時滿足這些

條件的工具是什麼？那就是內建在現代人必備的「手機」
裡的線上行事曆程式。

　　雖然可以依照個人喜好使用不同種類的應用程式，但
為了符合上述的三大條件，還是建議選擇能夠同時在各種
裝置上使用的程式。即使是在移動途中也能簡單輸入與修
改日程，並且可以在電腦上即時查看更新的資訊，隨時隨
地都能按照最新版的日程安排管理時間。

　　由於線上行事曆程式會與電腦同步，因此坐在辦公桌
前工作期間，便不必再拿出手機，有助於集中注意力。不
僅能一目瞭然地查看每月、每週、每日的日程，還可以使
用顏色區分日程，進而了解使用時間的比例。

　　當然也可以隨身攜帶手寫的手帳、文件夾等，記錄任
何變更事項。不過，也因為隨時都得經由本人翻閱確認，
所以不立刻記錄下來的話，很容易發生日程遺漏或重複的
問題。再加上，萬一是需要多人同時協調日程的情況，過
程也會變得相當複雜。

輸入日程一事，實際上就是提前決定與準備的「**Before 階段**」。像線上行事曆程式一樣可以迅速、簡易記錄的方法，是最有效率的。至於手寫式手帳或活頁孔夾，則比較適合結束所有日程後，用來記錄與省察究竟做過什麼的「**After 階段**」。使用時，即可像這樣區分不同功用。

關鍵在於靈活運用時間

現在已經邁入隨時隨地都能處理工作的時代了。只要連上網路，「數位遊牧民族」（nomad working）便能不受時間與空間的限制，盡情移動與工作。自從新冠肺炎的疫情爆發後，居家辦公（Work From Home）、混合工作模式（Hybrid Work）、多點辦公等情況變得不再罕見。因此，比起工作場所，是否能有效率地工作才更重要；意即擁有自主性後，使人能更靈活地運用時間。

換個角度來看，也代表如何有效率管理日程的能力，變得越來越重要。管理日程的工具五花八門，從手機的應

用程式到手寫的手帳、活頁孔夾等。任何人都可以自由選擇工具，但請務必牢記**安排日程的關鍵在於「事前管理」與「執行」**。

　　現在不妨仔細思考一下，究竟什麼才是有辦法提升自己生活效率的日程管理工具。

無論是自己或他人的
時間都必須嚴守承諾

禹主任：「下星期什麼時候有空？」

高主任：「下星期的話，時間上都沒問題。我可以配合禹主任方便的時間。」

禹主任與高主任正在協調會議時間。光從對話來看，高主任的行程表比較鬆，只要選擇禹主任可以的時間就好。然而，接下來的對話卻不是如此。

禹主任：「那星期二下午兩點可以嗎？」

高主任：「啊……我那時候已經有行程了，但其他時間都可以。」

　　高主任經過確認後才發現早已安排其他行程，所以兩人又來回協調了幾次，才終於決定彼此都可行的時間。一開始只聽高主任說的話，的確為了禹主任著想才提出自己都可以配合，沒想到在協調時間的過程中，卻反而在無意間佔用對方更多時間。一來一往的協調與對話，其實也是在消耗高主任本人的時間。

　　明明一、兩次對話就能結束，卻得持續好幾次的零效率溝通，實際上在職場屢見不鮮。

提供選項，而不是開放式的回答

　　我們重新看一次禹主任與高主任的對話。起初說隨時都可以配合禹主任的高主任，經過確認才發現自己已經安排了行程，最後只好再花額外的時間協調。如果高主任一開始就提出已安排日程以外的時間，那兩人就能在既定範圍內選擇；或是在禹主任一開始詢問時，便直接提出幾個可行時間，交由高主任從中進行選擇，勢必就能更快完成

協調。

禹主任：「我希望我們下星期可以討論一下關於
〇〇。星期二下午兩點或星期三下午三點，哪個時間比較
方便呢？」

高主任：「我星期二有行程，星期三下午三點可以，
不如就約這個時間吧？」

禹主任：「好，沒問題！我再傳送行事曆邀請給你。」

向對方提議日程時，**最好直接提出兩、三個選項提供
選擇，而不是開放所有範圍的選擇權**。萬一沒有對方可行
的時間，再提出其他選項。此時，可以只提及星期幾，但
若能一併考量時間的話，即可進一步縮小選擇範圍，在節
省時間的同時，發揮效率協調日程。

除了協調日程外，在詢問業務進度時提及時間，也是
很重要的事。

孔主任：「什麼時候可以收到〇〇報告？」

劉主任：「應該可以在今天內給你。」

管理部門的劉主任需要交一份資料給營業部門的孔主任。正好遇上孔主任今天有外勤日程，於是他聯絡劉主任詢問何時可以收到。聽到劉主任說今天內可以交出來後，孔主任心想自己應該能在外勤回來後看完報告，結束這項業務。

孔主任大約在下午四點回到辦公室。眼看距離下班時間只剩下兩小時，卻依然沒收到劉主任的資料。必須在今天內看完並結束這項業務的孔主任，顯得相當苦惱。如果再問一次，感覺像在催促對方，但無止境的等待，又搞得自己很焦躁。經過三十分鐘的坐立難安後，孔主任小心翼翼地傳了封訊息給劉主任。

孔主任：「主任，今天大概什麼時候能收到報告？」
劉主任：「我把手頭上的工作處理好就立刻交過去。」

孔主任非但沒搞清楚劉主任現在到底在處理什麼業

務，而且依然不知道「何時」可以收到報告。最後，直到下班前一刻才終於收到報告，孔主任唯有利用預期之外的加班時間完成這項業務。

為什麼會發生這種事？

「馬上」是何時？「之後」要多久？

在職場上，偶爾會在詢問業務進度或確認時間時，遇見像上述的劉主任一樣以「範圍」作為時間單位的人。舉例來說：

「兩點左右見。」
「今天內應該可以完成。」
「明天前給你。」

乍聽之下，確實是可預期的時間範圍，但對準確時間的定義卻是因人而異。假設約好「兩點左右見」，A認為

的是兩點整，但對 B 來說，一點五十分也是「兩點左右」；
有些人的範圍甚至寬到連兩點三十分也算是「兩點左右」。
像這樣的溝通方式，不僅會造成誤會，而且至少會讓其中
一方感到不愉快。

　　有些人在面對無法立刻給出明確答案的情況時，反而
會使用更加模糊的表達方式。

　　「我把這些事處理好，馬上回覆你。」
　　「我現在有點急事要處理，之後再跟你聯絡。」
　　「我看完再告訴你。」

　　「馬上」、「之後」、「看完」，究竟代表什麼意思？
雖然知道這都是「我會回覆」的意思，卻不清楚需要等多
久。站在回覆者的立場，會認為既然當下沒有時間，至少
先像這樣回覆一下比較好；而既然已經回覆了，大可先專
心做自己的事。

　　可是，那對方呢？只能開始遙遙無期的等待。因為不

知道需要等多久，所以心裡一直掛念著這件事。隨著被要求完成該項業務的期限越來越逼近，內心更是急得不得了。

這樣的過程很容易造成情緒疲勞。提出要求的人為了「到底要等到什麼時候？」的茫然，萌生額外的擔憂；不停收到提問的人也覺得「不是已經回覆了，為什麼還要一直催？」「急的話就早點說啊」，消磨著彼此的時間與情緒。

以「分」為單位，表達越精準越好

怎麼做才能節省彼此寶貴的時間與情緒呢？唯有客觀的標準，才有辦法即時掌握進度。像是「等一下」、「之後」、「大概」等，都是主觀的表達方式。因此，**在工作上的溝通，建議使用彼此共同認知的客觀資訊傳達，而不是主觀的表達方式。**

「煩請所有人都在兩點五十分前就位。」

「請在下星期三下午三點前發送○○會議的資料。」

重視時間的人，通常會以「分」為單位表明時間。雖然多數人提及時間時都是使用五分鐘、十分鐘作為單位，但有些人反而會使用奇數。

「七分鐘後重新開始。」

「十三分的時候集合！」

儘管聽起來像是開玩笑，但他們卻相當認真──背後隱藏的意圖是：每個人的時間都很寶貴，在一起時就盡量減少浪費沒有意義的時間。

這裡的關鍵在於，使用客觀時間直接告知明確的時間。以範圍為單位表達的時間，只會造成彼此間的誤會。假如是沒辦法立刻給出確定答案的情況，建議直接告知明確的時間資訊，像是什麼時候（或需要多少時間）可以給予答覆。

「下午四點可以完成。」

「明天上午十點至十二點之間是可行的時間。」

　　另外，還有更進一步的溝通方式。先提出具體的時間，同時將對方情況列入考量，保留調整的可能性，藉以重新確認一次。

　　「我覺得下午四點可以完成，還是有需要提前完成嗎？」

　　「明天上午十點至十二點間是可行的時間。如果需要調整到其他時段，麻煩隨時告訴我！」

　　正確的溝通，是讓彼此都守時的唯一方法。重點在於，明確傳達要求事項與需要時間。回覆亦是如此。基於為對方著想的名義，而聲稱可以完全配合的溝通方式，反而只是在虛耗彼此的時間。

　　表達自己可行時間時，**盡量精準到以「分」為單位**。表達得越精準，節省的不只是對方的時間，同時也是在節

省自己的時間。千萬記住，別人的時間和我們的時間一樣
珍貴。

成功人士都在 follow
的三大溝通策略

「不好意思，關於這個部分，我可以先確認一下再告訴你嗎？」

「等一下。咦？我明明整理好了啊……奇怪了，現在怎麼就是找不到。」

「那個……我還有件事想問，但突然想不起來……」

「我現在馬上查一下。」

與營業部門的 W 說話時，換來的大多是無止境的等待。開會時，他會為了查找會議內容的資料進進出出，或是突然想不起要說的話。有時，甚至會因此超過預定的會議時間，不得不再召開額外的會議。使用電話或通訊軟體時，也經常留下一句「等一下」就消失了。明明說要確認

後答覆問題，卻完全沒有回應。

本來是為了想快點把業務處理好，才使用可以直接對話的電話或通訊軟體，沒想到反而得花更多時間在這件事上。與 W 共事的人都覺得十分無奈；因為等待是家常便飯，導致工作進度也常被打亂。

1 突出重點

相反，同部門的 P 不僅準時，辦事效率也很快，很多同事都希望能與他一起工作。P 偶爾也會出現沒辦法立刻回覆的情況，但他不會讓對方再三詢問或催促。P 的祕訣是什麼？他表示，自己只是努力遵守三大策略－簡潔、明確、準備。其實，這三大策略也是企業 CEO 與工作效率傑出的人的共通策略。

首先，「簡潔」指的是簡要傳達重點。讓我們以撰寫 E-mail 為例。標題需使用能讓對方迅速掌握內容概要的詞

彙。至於內容，則盡量突出重點，避免使用冗詞贅字；將內文摘要整理，以便收件者在一個畫面內就能理解。若有其他參考資料，則使用附件呈現。

一般來說，會議會以十五分鐘、三十分鐘作為單位。扣除討論事項較多的情況，大多能在三十分鐘內結束。這樣的時間長度感覺好像不太夠，但令人意外的是，其實已是足夠完成討論的時間。因為會議是事前互相就主題經過確認得出的結果，所以沒必要冗長的說明，只針對需要討論的部分，自然可以在表定時間內完成。

報告也是一樣。書面報告時，使用一頁整理好核心項目，需要進一步參考的資料則放在下一頁。口頭報告時，務必遵循「先說結論」的大原則；因為對話往往只有開始與結束會被記住。尤其是對話的開頭，將成為聽者判斷接下來談論內容的基準。假如一開始就拋出長篇大論，只會讓對方的興趣與專注力明顯下降。

② 簡明扼要

　　第二個策略「明確」，指的是明顯、準確地表達自己要傳達的訊息。 假如在對話過程中需要對方稍作等待，則必須說明原因，或是清楚告知時間點。

　　「我目前正在找資料，但電腦有點慢，可以稍等一下嗎？」

　　「關於您提出的問題，我會在今天下午五點前回覆。」

　　盡量避免像是「等一下」、「稍等」等，造成對方遙遙無期等待的訊息。傳達要求事項時也是如此，請明確表達自己的要求。

　　「麻煩在本週五下午三點前回信。」

　　「煩請於○月○日下午五點前向○○○回覆是否出席。」

　　為了表達得更明確，不妨善用 E-mail 與電話。E-mail

發送後，透過電話確認對方是否成功收到，同時再次提及內文重點。如果是先藉由電話聯繫的情況，則可以將整理好的對話摘要，透過 E-mail 發送給對方。

由於口頭對話容易發生各執一詞的情況，所以最好利用 E-mail 作為書面紀錄，以免彼此忘記。

③ 事先做好功課

在溝通三大策略中，第三個策略是：「準備」。其實，這也是三大策略中最重要的一環。我們常在無意識中虛度光陰的原因，大多是因為準備不足。例如：對話期間突然想不起要說的話，實際上就是沒有事先做足功課，或是不熟悉討論內容。

舉例來說，面對即將到來的會議，需要做的不只是事先研究資料，同時也必須整理好要在會議上分享的內容。提前整理好會議主題、討論內容、提問內容等，然後在規

定時間內針對相關內容進行討論。充分熟悉與攜帶會議相關資料，以便回答進一步的提問。若有什麼需要向對方確認的事項，也要事先整理好想要詢問的內容。

報告時，除了主要內容外，還要準備面對可能發問的回答。為此，最重要的就是熟悉報告內容。

假如只顧著專注於自己要傳達的內容，很可能會回答不出對方的提問。在這種情況下，非但會造成開會時間的延遲，同時還會被與會者貼上「沒有準備好」的標籤。偶爾也會發生明明已經做好充分準備，卻遇上意料之外的提問。此時，可以在簡單提及有準備的部分後，承諾會再提出後續報告。隨後在下一份報告中，彙整需要補充的部分即可。

「雖然我有確認過關於〇〇，但似乎遺漏了這個部分，我會一併在下次報告時提出。」

作為傳達內容的報告者，也需要做好接收意見的準

備。為了應對有人提出問題、要求的情況，最好事先整理出需要確認的基本事項。依循「六何原則」備妥相關資料；除此以外，亦可針對有關業務的問題進行補充。

事前列明確認項目，是準備正式開始工作前的第一步。工作期間當然也可以提出問題，但提問的次數越頻繁、問題越簡單，越有可能妨礙對方的工作進度。因此，盡量在初期就確認好基本項目，並將過程中出現的任何問題單獨整理出來，另外在適當時機提問。

將輸入降至最小化

良好溝通是高效工作的基石。為此，我們需要做的是將輸入降至最小化。準備，是為了簡單明瞭地表達自己的意見。只要養成事前準備的好習慣，自然能獲得理想的輸出。

懂得在一段關係中做好準備，也是體貼對方的方式。

雙方抽空對話，為的就是確保工作能夠順利進行。這種時候，明白「時間是最寶貴」的人會提前做好準備——因為這就是捍衛自己與他人時間的唯一方法。同時，準備好的輸入亦有助於準確傳達核心事項。

各位現在的輸入是多少？是否在準備不夠的狀態下開始每一天？是否有辦法言簡意賅地傳達要求事項？是否為了取得自己想要的東西，提前整理好需要掌握的事項？

越懂得視他人時間如自己時間般寶貴的人，越能累積他人對自己的信任，並成為他人想要共事的人。讓我們一起用做好準備的態度與簡潔明確的溝通策略，捍衛自己與他人的時間吧！

就算是插隊的行程
也該按照順序

「從哪件事開始做比較好呢？」

有時，工作會突然如潮水般湧來。明明只開過一次會，業務量卻不停增加；以為結案的業務，卻被要求重新檢討。提出要求的人，往往異口同聲地認為自己的部分最緊急、最重要。儘管早已規劃好今日待辦清單，「插隊」的行程卻不停發生，搞得手忙腳亂。於是，思緒陷入一片混亂，完全不知道該從何開始才好。

低效工作者，大多會選擇先從可以快點處理好的工作開始。原因在於，他們認為所需時間短的業務，通常比較簡單、輕鬆。相反，越困難的業務必須投入越多時間，所以選擇延後處理順序。凡事抱持著「從簡單的開始做」的

心態，來決定工作順序。然而，如果像這樣只顧著完成業
務的所需時間，專挑可以快速搞定的事來做，勢必會發生
不停延後重要工作的悲劇。

　　既然如此，是不是就該從重要的業務開始做起呢？應
該以什麼標準決定優先順序呢？重要程度與時間通常是決
定優先順序的首要考量，但如果像今天一樣，插隊行程突
然冒出來搗亂時，以重要程度作為標準也許就會變得不合
時宜。究竟該怎麼做才能順利解決所有工作呢？

三要素考量，決定進行順序

　　被交代的工作乍看之下都很重要，但其中顯然存在順
序。有些事需要停下手頭上的工作處理，有些雖說是緊急
事項，但只要在當天內完成即可。真的不知道該從何開始
的話，可以試著遵循這項標準——

　　「希望工作順利進行的話，應該從何開始？」

如果是高效工作者，就算面對插隊行程也能沉著處理。因為他們十分清楚，基於效率與效益的考量，唯有專注於「讓工作順利進行」，才有辦法取得預期的成果。為此，必須根據業務性質決定適合的順序與行程安排。

所有事都在速度固定的時間軸上進行著。即便新業務突然湧入，也必須妥善決定順序。為了決定插隊的行程究竟該現在或延後做，首先得考慮以下三點：

☑ 截止時間：何時需要完成？
☑ 相關人員：該項業務牽涉哪些人員？
☑ 所需時間：根據業務性質，需要投入多少時間？

其中，以「截止時間」與「相關人員」為主，作為考量業務順序的標準，截止時間越近、相關人員越多，越優先處理。這裡說的「相關人員」，指的是會受到該項業務進度與結果影響的人。儘管具體負責的業務不同，但都會牽涉到同項業務，因此他們都會被告知處理進度與結果。工作的目標與性質固然需要列入考量，但首先都是依照「截

止時間」與「相關人員」兩大原則，決定處理的優先順序，
過程如下圖所示：

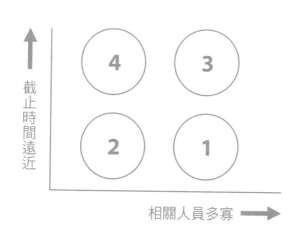

第一順位：截止時間近＋相關人員多的業務

第二順位：截止時間近＋相關人員少的業務

第三順位：截止時間遠＋相關人員多的業務

第四順位：截止時間遠＋相關人員少的業務

　　　　　（大多是私事）

讓事情朝想要的方向發展

　　以下範例會詳細介紹，如何根據業務性質判斷所需時間，藉以決定處理順序的方法。星期一，是一週的開始。讓我們試著整理一下，該如何為下表列出的業務決定順序。

　　假設只看截止時間，#3 需要最快完成，接著依序是 #4、#1、#2。然而，若依照業務性質的話，順序可就不一樣了。當 #3「修改月會資料」比較簡單時，那就可以一上班就立刻處理，緊接著一併搞定 #4（「郵寄買賣契約」）。萬一修改資料需要更多時間，則應該先去郵局；因為如果希望對方能在隔天上午收到，就得在前一天上午寄送才行。

	業務內容	截止時間	報告與通知對象
#1	撰寫服務品質報告書	本週五下午兩點	向組長報告
#2	撰寫新服務提案	本週五下午五點	通知服務企劃與支援部門
#3	修改月會資料	當天下午五點	向組長報告＋通知相關部門
#4	郵寄買賣契約	本週二上午	交易負責人

雖然 #2「撰寫新服務提案」與 #1「撰寫服務品質報告書」的截止時間一樣，但通知對象的範圍卻不同。#1 只需要經過組長確認，#2 卻牽涉了許多相關人員。這種時候，一旦認定「向直屬上司報告更重要」，結果只顧著把全部時間用來處理 #1，勢必很難按時完成 #2，進而對相關人員產生負面影響。

既然距離截止時間的星期五還有幾天時間，其實可以在處理 #2 的期間，透過與業務相關人員交流進度並徵詢意見的過程，同時進行 #1。假設必須在截止時間相同的情況下，決定處理業務的優先順序時，即必須考量報告與通知對象的人數，以及該項業務結果可能影響的範圍。

在此，還有一件事需要考量。我們先來看一下以下兩種情況：

① 上司要求投資者會議需要的財務資料。
② 發送十人共同開發企劃的相關資料。

當兩項業務的截止時間都是明天時，應該先處理哪項呢？即使截止時間相同，但由於②牽涉的相關人員較多，似乎該先處理②。可是，實際上①才是該先處理的事。原因在於，與上司息息相關的①，已經包含了必須根據②才能完成的內容。

　　業務的重要程度不只取決於截止時間，而是得在考量伴隨業務目標與結果而來的影響範圍後再做決定。像這樣經過思前顧後的規劃，可謂是全盤考量過其他因素會對整件事帶來哪些影響的結果。

　　計劃是訂定大方向，但隨時都可能出現變數。面對需要改變的時候，只要好好思考業務特質，基本上就能馬上決定好順序。因為就算突然出現插隊的行程，也不會改變各項業務的終極目標。**我們只需銘記一件事——讓事情朝自己想要的方向發展。**

TIP

列出能善用瑣碎時間的
「瑣事清單」

在每天的日程中，難免會出現意料之外的空
檔。有時是約好的行程突然取消、提早抵達約定場
所，有時則是因路況拉長移動時間、比預期更快完
成工作而必須靜候結果等。

這樣的時間或許不足以處理重要業務，卻足夠
利用來處理其他待辦清單上的事。讓我們建立一份
可以善用這種時間的「瑣事清單」。瑣事，指的是
可以利用零碎時間處理的雜事，而「瑣事清單」其
實只是筆者隨意命名的詞彙。瑣事清單由符合以下
三項標準的事組成：

── 有辦法在短時間內（五分鐘內）完成的事。
── 重要程度低但非做不可的事。

—— 最好是隨時都能做的事（例如：確認日程、
簡單答覆、繳稅、檢查剩餘業務清單、確
認 E-mail、閱讀等）。

那些不太急迫卻遲早得處理的事，都屬於瑣事
清單。善用零碎時間稍作休息當然也很好，但光是
想到有一大堆雜事等著處理，內心免不了就會有些
壓力。為自己預留完整的時間好好休息，然後利用
零碎時間解決瑣事清單上的事。

越是能在短時間內完成拖欠的工作，心情也會
變得越輕鬆。

 # 「期間檢討」的重要程度
等於開始與結束

「怎麼會這樣做呢？」

聽見主管意見的 Y 主任，顯得有些慌張。從回饋的意見聽起來，自己經過幾天幾夜絞盡腦汁才終於完成的報告書，似乎抓錯方向了。過去也發生過不少次類似的情況。明明已經竭盡全力，卻實在搞不懂到底從哪裡開始出錯。最重要的是，Y 主任再也不想在每次報告時聽見主管的嘆氣聲了。他真的好希望自己的努力能換來成正比的肯定。於是，Y 主任決定邀請隔壁部門的 K 主任喝杯下午茶。K 主任不只工作表現出色，更是大家心目中最想共事的人選之一。Y 主任向 K 主任傾訴自己的煩惱後，沒想到得到的答案卻十分簡單。

「學會發問。」

K 主任建議他去問一問主管或其他同事。換句話說，即是經由提問來確認自己對業務內容的理解是否正確、執行方式是否妥當。

不懂就問，就這麼簡單

沒錯，Y 主任從頭到尾都是按照自己理解的方式執行。儘管出現不太清楚的部分，他也總是秉持「應該沒錯，先做再說」的想法自行判斷，全神貫注著要趕在期限內完成。遺憾的是，最終往往換來「從一開始方向就錯」的結果。

結束午茶時間返回座位的 Y 主任，試著檢查了一下自己正在處理的業務。雖然看起來如常沒有問題，但他這次決定主動發問。Y 主任先向包含主管在內的相關人員發送了一封 E-mail。

「關於○○事宜，到目前為止的進度為～～。如有任何疑問或需要改進之處，煩請賜教。」

有人謝謝他願意分享資訊，有人提出如何修改會更好的意見。Y主任採納意見並持續與同事交流、溝通。後來，那些原本不清楚的部分，也透過發問獲得解決。主動發問後，減少了許多獨自煩惱的時間。只是一封簡單的E-mail，非但可以確認業務的方向，同時還能加快處理速度。自然而然地，各種正面的成果與意見回饋接踵而至。

無論是單打獨鬥或團體戰，我們所做的每件事一定都存在意圖；換言之，從開始的原因與背景，到設定目標、達成目標，其實就代表了意圖的實現。唯有明確掌握自己的意圖，於實現過程中再三確認是否遵循心之所向，才有辦法在最終抵達理想的目的地。

所有人從頭到尾同心協力朝著相同方向邁進，當然是最好，但不如人意的情況才是家常便飯，甚至還有些人會走向完全相反的方向。這種人可不是有創意，而是根本沒

有搞懂整件事的意圖。

　　每個人都會依照自己獨有的標準，各自做出不同判斷；經驗值與理解能力更是因人而異。期間檢討，即是能有效縮短這種差距的方法。

　　最簡單的期間檢討方法，就是交流進度或發問。所謂「檢討」，並不表示只能在一件事開始後才做。其實，事前也可以做；像是與相關人員持續溝通，藉以確認自己是否正確理解負責的業務內容、是否清楚意圖為何等。

期間檢討，和結果一樣重要

　　即便是獨自處理的業務，也需要花時間進行期間檢討。因為在方向正確的情況下，同樣有可能錯過某些地方。尤其是在截止時間不急迫時，很容易就會為了先處理其他業務，遺漏起初考量過的事項。有時，也會因為一直拖延到最後一刻才急著完成，就算再怎麼後悔「如果能有更多

時間，一定可以交出更好的成果」，也來不及了。因此，唯有從開始到結束的持續檢討，才能確保按照起初期望的方向前進，並取得優質的成果。

　　試著依照下圖步驟進行期間檢討。**首先，於開始執行前檢視與業務相關人員交流的意見。確定掌握方向後，擬訂有辦法在截止時間前完成的計劃。若執行期間發現不清楚之處，務必重新確認並要求檢查。在實際截止時間前的剩餘時間內，抽空檢討與更新，藉以提高成品完整度。**

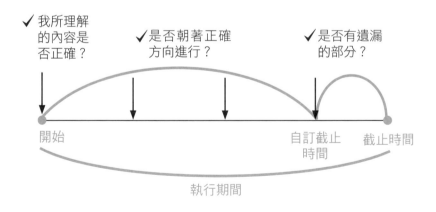

工作的過程，與開始、結束一樣重要。最後獲得什麼

樣的結果，往往取決於過程。唯有在過程中重複檢討與確認執行事項，才能取得理想結果。請在正式開始前，決定好期間檢討的時間，也就是預計在距離截止時間還有多久的時候檢查。隨時檢討固然很好，但設定固定時間有助於安排規律的時間表。舉例來說，假設目前正在進行為期一年的項目，可以依照下表擬訂期間檢討的日程。

範例

月份	三月	五月	六月	九月	十一月	十二月
年度計劃	上半年期間檢討	上半年初步結算	上半年結算	上半年期間檢討	上半年初步結算	上半年結算

　　預計一月開始的項目，大致上可以分為上半年與下半年的結算作為檢討重點。以六月作為上、下半年的分界，建議按季度進行為佳。就期間檢討的角度來看，在執行的同時檢討，可以減輕全部擠在最後一個月才開始檢討的負擔。三月完成第一次檢討，五月完成檢討與初步結算；六月根據五月前整理好的資料，完成上半年結算。當然，從一月開始就需要全面審核，但由於期間也有持續整理，如

此就能減輕要逐一檢視整整六個月資料的負擔。

如果再貪心些，也可以在每個月的最後一週進行月結算，這樣還可以減輕季度檢討的壓力。這種方法同樣適用於短期業務。一天的日程，可以利用午餐時間或休息時間檢討；需要數天才能完成的業務，則可以在正式開始的當天或第二天稍微檢查執行內容，提升成果完整度。

假設必須在三天內交出「市場調查報告」，可以參考下表設定檢討日程。

月份	第一天 （正式開始日）	第一天 （正式開始日）	第三天 （最終截止日）
TO DO	• 市場報告 • 發送包含撰寫方向在內的 E-mail	• 執行細項或第一份草稿	• 發送最終版
檢討目的	• 是否正確理解市場調查的必要性？ • 是否適當掌握執行方向？	• 確認是否有項目需要修改／增加	
檢討時機	• 開始執行前	• 第一天下班前～第二天下午	

期間檢討，為的是在抵達最終目的地前，重新確認目前所在位置。藉由回顧沿途走來的路，掌握未來前行的方向。唯有積極檢討，才能清楚自己是否正走在正確的方向、是否需要變更路線，從而遵循期望的發展脈絡繼續走下去。

期間檢討不僅適用於工作，也是日常生活的必須。偶爾會因為日程的種種突發狀況，頓時遺忘了一早設定好的決心與情緒。

此時，若能在稍作休息時做一次期間檢討，其實就可以提醒自己因為埋首工作而暫忘的想法，重新冷靜下來。如果說為求獲得工作成果的期間檢討是「交流」與「發問」，那麼在日常生活中，則可以透過每天寫的「待辦事項清單」或日記、工作日誌等進行檢討。

各位目前手頭上的工作項目處於什麼情況？想要快點結束，卻遲遲沒有進度？如果是，現在正是需要期間檢討的時機。試著問一問同事們，自己是否有朝著一開始期望的方向前進，然後好好自我檢討。

天天更新的自我時間

　　許多人會在每年的一月一日設定新年目標。結果有多少人真的實現了自己在年初訂下的目標呢？根據美國加州大學（UCLA）臨床心理研究團隊自二〇〇七年至二〇二二年，針對新年目標達成率進行的調查結果顯示，平均只有百分之九至十二的人有辦法持續實踐目標。約有百分之九十的人，一開始確實下定決心達成目標，結果卻無法實踐，並在中途放棄。

　　這些人中途而廢的原因是什麼？絕大部分的失敗原因，在於起初設定了不實際或過多的目標。有些人則是隨著時間的推移而逐漸忘記目標，導致最終無法實現。其實，不只有在實踐新年目標的過程中才會發生這種情況。

回饋，是為了累積成長的養分

除了長遠的人生目標，還有期望在五年、十年內實踐的目標。在日常生活中，有關於工作的目標需要實踐，以及為此每天必須完成的細項；這些可以說是每個日子的小目標。不過，有時也會因為突然忘記或錯過，而無法好好完成。儘管從長遠來看確實是朝著目標前進，但這種時候卻反而覺得自己離目標越來越遠了。

即便已經全力以赴，卻怎麼也看不見收穫，甚至開始質疑自己是不是真的有辦法實踐。越常完成不了自己訂下的目標，自我效能感也會變得越低；相信自己有辦法完成的信念越弱，不僅熱情會消失，整個人也會開始覺得無力。

我們決心尋求改變，設定目標成為更好的自己。可是，同時也需要能夠堅持到底的策略。為了在處理日常工作的同時，維持朝著目標邁進的步伐，我們需要「**回饋時間**」。

所謂「回饋」，大致上可以分為兩種 —— 來自他人的

回饋與自我回饋。來自他人的回饋，亦是推動個人成長的外在因素。藉由了解他人的視角，從中汲取有利的觀點，成為全方位檢討自我境況的優良參考書。此時，務必過濾掉只顧盲目批判的負面意見。只要參考他人意見中與自己想法不同之處，保留自己真正需要的部分。

有辦法讓一個人無論身處任何境況，也能堅持朝著目標努力到最後一刻的力量，則是源於自我回饋。所謂自我回饋，意味的是自我檢討自己成長多少、怎麼做才能更進步。

為了有效地自我回饋，最重要的是在確認是否達成目標的同時，釐清實踐目標的原因。為此，必須**將計劃的所有目標先分別標記為「未完成」、「已完成」**。

假如是正在進行的目標，又該如何標記呢？既然是正在進行中的目標，代表是經由完成各種小目標（待辦細項）的過程來實踐一個大目標。因此，唯有完成這些小目標們，才有辦法實踐最終的大目標。

有效「自我回饋」的方法

以「撰寫報告書」的目標為例。完成一份報告書，需要經由資料搜集、草稿、草稿檢討等各種小目標的執行。因此，在執行這些小目標的期間，這份報告書都是處於未完成的狀態。必須等到待辦清單上的資料搜集、撰寫草稿等過程都完成後，才能標記為已完成。

在自我回饋時間裡，我們需要做的是檢討各個小目標的進度，並了解各項結果產生的原因。無論是已完成或未完成，其中一定都有各自的原因。我們必須細究一件事為何、如何有辦法順利完成，以及萬一還沒完成的話，又是什麼原因造成的。將順利完成的經驗應用在後續的類似情況，把事情做得更好；將不如人意的部分視為尋找解決方法的墊腳石，讓自己能在日後進一步改善。

自我回饋需要定期進行。以日、週、月、年為單位，進行自我回饋與檢討。**最基本的就是每天自我回饋。**為此，**一天至少預留五分鐘做這件事。**此時，不能只是陳列一天

的成果，因為這樣會單純地停留在確認進度完成與否的層面。重點在於，釐清當天有哪些事無法完成、持續拖延，並且思考其中的原因。

一件事能拖延兩至三天、數週、數個月，勢必有其原因。要不是就是打從一開始就不是自己該做的事，要不就是不再是自己需要的事，卻仍霸占待辦清單的位置。有時，也可能是計劃生變或調整順序、需要尋找其他途徑等。

當然也有些事是從頭到尾都相當順利。同理，我們必須了解為什麼這件事有辦法比其他事進行得更順利。對我們來說，最重要的是如何堅持抵達最終目的地的力量。**藉由每天自我回饋的時間，檢討與發現原因並準備好解決方案，將有助於增強堅持的力量。**

或許有人會認為「忙著往前跑都來不及了，有必要再透過回饋往後回顧嗎？」重新檢視沿途走過的路，為的是讓自己能在面對相同情況時做得更好。自我回饋的時間累積得越多，自然也能萃取出越多獨門祕訣。

根據每天的自我回饋，再以月為單位確認自己執行與未執行執行哪些項目；每個月累積下來的資訊，則成為季度、年度結算時檢驗成果的參考。試著參考下列的自我回饋範例，並將其應用於自己的工作中。

【定期自我回饋】

	Daily	Monthly	Yearly
When	每天五分鐘	每個月最後一天	六月，十一～十二月
What	執行與否（○、╳） 包含中途增加的項目 ＊ Daily → Monthly → Yearly 檢查過的項目累積得越多，到了年底就能輕鬆確認最終執行的結果。		
How	○：寫下如何完成的實際結果 ╳：寫下無法執行的事由 （一併記錄關於取消、延期、暫緩等原因，以及日後是否預計繼續執行）		
Follow up	①：探討是否是需要執行的事 ②：研擬後續計劃並更新執行時間 ③：若是需要長時間延期，請將其列入十二月待辦事項，作為下年度的行程		

範例

Daily		
待辦事項	執行結果	備註
研究企劃案	○	採用組長的意見回饋後，完成報告
研擬合約	✕	因暫緩簽約，不必研擬
回覆營業部 E-mail	○	附上上半年結算檔案，完成回信

Monthly			
一月	研究企劃書	○	
	研擬合約	✕	暫緩
二月	健康檢查	○	健康
	開始 P 企劃（撰寫企劃案）	○	
⋮			
十一月	市場調查	✕	延至十二月
	彙整財務資料	○	完成報告
十一月	個人評價	○	滿意
	策劃活動編列預算	✕	延至一月

Yearly
• 記錄明年也需定期執行的行程與業務。

• 於十二月最後一週或前一週，根據每個月的紀錄，分析行程取消或延遲的前因後果。

• 訂定新年計劃時，需記錄延至下年度的行程與業務。

早一步行動，就多一次完善機會

希望主導自己的人生朝著理想的方向前行，關鍵在於從起點開始設定計劃，以及後續如何落實。定期檢討與改善是不可或缺的。藉此彌補不足之處，刪除不必要的因素，偶爾也需要全新的策略。唯有天天累積更新的時間，才能讓自己更接近目標。

我們生活在每天不知道即將發生什麼事的世界。恰如你我在疫情期間的親身經歷般，圍繞我們的世界與環境瞬息萬變，計劃當然也得因應情況改變。

人生猶如衝浪。為了乘著速度不一致的波浪邁向理想的方向，必須隨時掌握周圍環境與自身的情況，保持平衡向前進。衝浪時，**確認環境與情況的過程，即是實現目標的定期檢討；至於改變姿勢與行動，則是更新目標與計劃。**

隨著世界不斷變遷，個人的情況也在持續改變。只要在宏觀上掌握目標與方向，自然就能因應趨勢的變化，隨

時確認與修改計劃。在今年訂下的計劃中，出現了哪些變化？在今天訂下的計劃中，有哪些事基於各種因素而不得不改變？到目前為止，又有哪些事做得很好？

試著在一問一答的過程中，檢討與更新自己的計劃。檢討與更新的過程，即是讓自己越來越接近目標。此外，在這段過程中，提前在預定期限前完成的計劃與習慣，有助於更細膩地實現目標。

為了讓置身於瞬息萬變之中的你我掌握主導權，我們必須提早一步開始行動，預留多檢查一次的時間。藉由「提前十天完成」為生活帶來改變，並創造最好的結果。

為了成為比現在更好的自己，讓我們養成提前處理的習慣，迎接永續的成就與從容的日常吧！

持續達成目標的秘訣

1 設定可量化為小單位的目標

　　於設定目標的同時，訂下判斷達成與否的標準。假設是以「減重」為目標的話，該如何評斷是否達成目標呢？首先，必須明確訂立「在哪個時間點前，減重多少公斤」，並且以可量化的小單位寫下「一星期減 0.5 公斤」、「每天晚上六點後只能喝水」等目標。

　　假設今天是以「完成提案」為目標的話，請清楚設定與標記像是「提案－撰寫提案背景」、「提案草稿檢討與修改」等實際執行的範圍。目標必須清晰，才能確認可行與否。

2 以提問代替宣言

詢問是否採取特定行為一事，將直接影響未來是不是真的會付諸實踐。根據研究結果顯示，其影響力甚至可以持續長達六個月。

試著對今天計劃做的事提出是非題。比起「我要研究企劃書資料」的掛保證，「想不想研究一下企劃書資料？」的問答方式反而更好。只要回答「Yes!」的事，就一定做得到。

富能量 0HDC106

哈佛日曆快十天

하버드의 달력은 열흘 빠르다

作　者：河知銀（하지은 저）
譯　者：王品涵
責任編輯：林麗文
校對協力：田炎欣
封面設計：@Bianco_Tsai
內文設計、排版：王氏研創藝術有限公司

總 編 輯：林麗文
主　　編：高佩琳、賴秉薇、蕭歆儀、林宥彤
執行編輯：林靜莉
行銷總監：祝子慧
行銷經理：林彥伶

出　版：幸福文化／遠足文化事業股份有限公司
地　址：231 新北市新店區民權路 108-3 號 8 樓
粉 絲 團：https://www.facebook.com/happinessbookrep/
電　話：（02）2218-1417
傳　真：（02）2218-8057

發　行：遠足文化事業股份有限公司（讀書共和國出版集團）
地　址：231 新北市新店區民權路 108-2 號 9 樓
電　話：（02）2218-1417
傳　真：（02）2218-1142
客服信箱：service@bookrep.com.tw
客服電話：0800-221-029
郵撥帳號：19504465
網　址：www.bookrep.com.tw

法律顧問：華洋法律事務所 蘇文生律師
印　製：通南彩色印刷公司

初版一刷：2024 年 10 月
定　價：380 元

國家圖書館出版品預行編目 (CIP) 資料

哈佛日曆快十天 / 河知銀著；王品涵譯.
-- 初版. -- 新北市：幸福文化出版社出
版：遠足文化事業股份有限公司發行，
2024.10
　面；　公分

譯自：하버드의 달력은 열흘 빠르다

ISBN 978-626-7427-78-1(平裝)

1.CST: 工作效率 2.CST: 時間管理
3.CST: 生活指導

494.01　　　　　　　　113007464

ISBN：9786267427781
EPUB：9786267427798
PDF：9786267427804